室内犬の飼い方・しつけ方

JAHA認定
家庭犬しつけインストラクター
矢崎 潤 監修

LIFE WITH
LOVELY DOG

西東社

introduction
はじめに

犬と室内で暮らすという習慣は、もともと私たち日本人の文化にはなかったものです。それがうれしいことに、最近では多くの人々が、犬と室内で暮らすことを選ぶようになってきています。

「犬は外で飼ったほうが幸せだ」という意見もありますが、昔のように平屋で土間や縁側があり、庭で畑仕事をし、つねに人の気配がある時代であれば、犬は人のそばにいたいという気持ちをある程度満たせたでしょうし、リードをつけずに自由に街中を歩けて楽しんでいたかもしれません。しかし、現在の家庭の多くは、庭は狭く、家族はほとんど家の中で暮らしています。外で飼われている犬の多くは、どんなに広い庭で飼われていても、人が家から出てくるまでは寝ているものです。犬に必要なのはスペースよりも、いつも家族がそばにいて、ともに過ごしてくれる充実した時間なのです。

室内で犬と暮らすという選択は、とてもすばらしいことです。しかし、それは、異種のまったく違う文化を持つ生き物がともに暮らすということ。うまく共存するためには、それぞれの文化の溝（ギャップ）を埋めていかなくてはなりません。ところが、そのギャップを理解しないまま暮らし始めてしまうと、私たち人間は、「何でイタズラするの！」「どうしてトイレを覚えないの！」とイライラし、怒鳴ったり、叩いてしまったりしがちです。

　でもよく考えてほしいのです。犬は私たちとは違い、日本語がわかりません。排泄を1か所でする習慣も、かじってはいけないものがあるという発想も、残念ながら犬は持ち合わせていないのです。

　けれども幸いなことに、犬はすばらしくよく学んでくれる生き物です。人と暮らすうえで困ってしまう行動も、失敗しないように予防し、成功できるように導き、うまくできたらほめてあげることで、犬はきちんと理解してくれるものです。

　あなたと暮らすことになった犬は、最期まで愛情を持って、ともに暮らしてあげてください。そして、あなた自身が犬にとって安心できる存在となり、いつもやさしく守ってあげてください。言葉の通じない相手と信頼関係を作るためには、それが一番大切なことです。

矢崎　潤

犬と暮らす

case-1

元気なチョコとの暮らしは、笑い声の絶えないにぎやかな毎日です

高田さんご家族＋チョコ（ミニチュア・ダックスフンド／メス／3歳）
一戸建て住まい

チョコはモッテコイ遊びが大好き。投げてもらったおもちゃを、はりきって回収します

一緒にマッサージ中？

ご主人の話に耳を傾けるチョコ

左／大好きなおもちゃで、ひとしきり遊ぶ　上／遊び疲れたら、専用のベッドでひと休み

右上／ごほうび用のおやつは、リビングボードの上に常備。これでしつけはバッチリ　右／食事はドライフードと缶詰とゆで野菜のブレンド。チョコはゆでたジャガイモがお気に入り

とても人なつっこいチョコ そのまなざしに癒されます

高田さんの愛犬は、ミニチュア・ダックスフンドのチョコ。とても人なつっこい性格で、初体面の人でもシッポを振って大歓迎。宅急便のお兄さんにも愛嬌《あいきょう》を振りまきますが、高田さんにとっては、それが心配のタネでもあります。「そのまま着いていくんじゃないかと思って、門を取り付けたんですよ（笑）」。

そんなチョコとの生活は、楽しく、癒《いや》される毎日です。

「何気なくチョコを見ると、こっちをジーッと見ていたりするんですよね。それだけで癒されるというか、いとおしい」と語るのは、奥様の園子さん。

また、犬とのふれあいや世話を通して、小学生の娘さんに、〝小さなものを思いやる〟という気持ちが芽生えたことも、犬を飼ってよかったことだと言います。

とはいえ、犬を飼うことで制約されることもあります。「旅行は少し気を使いますね。なるべく犬を連れていけるところを探したり。長期の海外旅行はちょっと難しいですね」。

それでもあまり不便は感じないとか。「犬は家族の一員ですから」と園子さん。

case-2

エネルギッシュなテリアとの生活。やんちゃぶりに手を焼いたけれど今ではすっかり"オリコウさん"

宇夫方さんご夫妻＋ラウール（ワイヤー・フォックス・テリア／オス／4歳）
マンション住まい

左／フラワーアレンジメントの仕事をする奥さんと、じゃまをしないように足元で眠るラウール　右／食事の準備もおとなしく待てるようになりました

テリアらしく、比較的自立心が強いというラウール。そんなにベタベタすることはないそうですが、ときどきものすごい甘えん坊に変身することも

上／のんびり日向ぼっこしているように見えますが、実はおなかがかゆくてスリスリしています　左／本来テリアは定期的に毛を抜いて独特の剛毛を作りますが、肌の弱いラウールには刺激が強すぎるため断念。奥さん自らがカットを行い、個性的なモコモコヘアーに仕上げています

左／知人に描いてもらったラウールの子犬時代の肖像画
下／ラウールの首輪コレクション。ワイヤー・フォックス・テリアは背中の模様が特徴的なので、洋服を着せるよりも、首輪でおしゃれを楽しむ人が多いとか

はじめての子（犬）育ては大混乱 しつけ教室に駆け込みました

宇夫方さんご夫妻が住むマンションは「小型犬1頭までOK」というペット可マンションです。愛犬は、ワイヤー・フォックス・テリアのラウール。散歩や運動はたっぷりさせるよう心がけているご夫妻ですが、時間がとれないときは、家でボール遊びをしたり、スペアリブの骨など特別なおやつをあげたり、散歩不足を補う工夫をしているそうです。

「今のラウールとの暮らしは最高に幸で、快適です」と言うのは、奥様の恵美さん。しかし、当初はラウールのやんちゃぶりに、かなり悩んだそう。困った恵美さんはしつけ教室に駆け込みました。教室での実践的なトレーニングはもちろん役立ちましたが、自分と同じ悩みを持つ飼い主さんと出会え、気持ちに余裕ができたこともプラスだったそうです。

4歳になったラウールは、留守番を上手にこなしますし、お風呂場の犬用トイレできちんと排泄します。「最初はリビングにトイレを置いていましたが、少しずつ移動しました。トイレをお風呂場にすると、においも気にならないですよ」と恵美さん。

散歩はいつも２頭一緒に

case-3

ご主人念願のパピヨンを飼い始めたのが4年前。弟分も加わり、会話も弾みます

佐藤さんご家族＋シルフィー（パピヨン／メス／4歳）
ゼファー（パピヨン／オス／3歳）
一戸建て住まい

昔からパピヨンを飼いたいと思っていたご主人。2頭のパピヨンとのんびり過ごす時間は至福のとき

上／引っぱりっこ遊びが大好きなシルフィー。ゼファーはソファの隙間から観戦中　右／ホームセンターで購入したロープを使って、引っぱりっこ用のおもちゃを手作り。市販のおもちゃを買うより経済的です

女のコのシルフィーはピンク、男のコのゼファーはブルーと、眠るときは、それぞれ専用のハウスで就寝

休日もパソコンを使って自宅で仕事をすることがあるご主人。そんなときひざの上には、ちゃっかりシルフィーが。そしていつの間にかウトウトと…

佐藤さんのお宅にはパピヨングッズがいっぱい。写真はごく一部。シルフィーとゼファーのホームページを作っているためパピヨン仲間も多く、誕生日などにはグッズをプレゼントされることも多い

2頭のパピヨンとともに楽しく快適な暮らしを満喫中

「同じパピヨンでも性格は違いますね。シルフィーはおとなしくてマイペース。ゼファーは元気いっぱいですが、やきもち焼き。私がほかの犬と遊んでいると、じゃましにくるんですよ（笑）」と語るのは、奥様のゆかりさん。対照的な2頭の犬との暮らしは、話題の宝庫。自然と家族の会話も弾みます。

　ゆかりさんが以前から開設していたホームページも、すっかり2頭の話題が中心に。今ではパピヨン・オーナーとの交流の輪も広がり、オフ会や旅行などの楽しいイベントも増えました。

　さて、犬を迎えたことで、家の中も犬仕様に変化。まず、ひざに持病があるシルフィーのために、すべりやすいフローリングをビニールクロス張りにし、階段にはマットを敷きました。さらにキッチンの入り口には柵《さく》を設置。これはキッチンが危険ゾーンというだけでなく、一番の理由は、なぜかゼファーがキッチンで排泄《はいせつ》したがったためでした。ほかにも、イタズラの予防策としてゴミ箱はふた付きにするなど、犬と快適に暮らすためにさまざまな工夫をしています。

気になるあれこれ
室内飼いQ&A

Q1
イタズラが心配なんですが…

家具や柱をかじったり、ゴミ箱をあさったり、カーテンを引っぱったり…。犬はもともと何かをかじったり、口にくわえて遊ぶのが大好き。興味のあるものは片っ端から口にくわえていきます。これは犬にとって自然な行為なので、何の対策も講じなければ、部屋中ボロボロにされてしまいます。

イタズラ（犬にとっては遊びですが）の被害を最小限におさえるには、イタズラしそうなものは片づけ、ゴミ箱はふた付きのものにするなどしましょう。人間の赤ちゃんのいる家庭と同じように、まずはイタズラされない環境を作ることが大切です。

★関連ページ　P66、106

Q2
共働きやひとり暮らしでも犬を飼えますか？

日中家に誰もいないのは、犬にとって理想的な環境ではありません。とはいえ、成犬であれば、トレーニングしだいで半日程度の留守番は可能ですから、共働きやひとり暮らしでも犬を飼うことはできます。

ただ問題は、子犬の時期の世話をどうするかです。生後2か月くらいの子犬は１日に４～5回食事を与える必要があり（成犬は1日2回）、排泄も頻繁。しつけのことを考えても、日中子犬がずっとひとりで過ごすというのはおすすめできません。昼休みには戻る、共働きなら交代で休暇をとるなど、子犬の世話ができる環境を作らないと難しいでしょう。あるいは知人やペットシッターの手を借りるのもひとつの方法。最近は日中預かって、しつけなどもしてくれる犬の保育園のような場所も登場しています。

また、成犬から飼うというのも、選択肢のひとつです。

★関連ページ　P34、54

Q3
室内で大型犬を飼えますか？

もちろん飼えます。さすがに6畳程度のワンルームで大型犬を飼うのは無理がありますが、外で十分に運動させることができるなら、特別広い家である必要はありませんし、庭がなくても大丈夫です。

★関連ページ P52

Q4
トイレはどこでさせればよいですか？

市販されている犬用のトイレ

基本的には家の中に犬専用のトイレスペースを作り、そこでさせます。ペットショップなどで市販されている犬用のトイレ（ペットシーツなど）を利用するとよいでしょう。

なお、散歩の際に排泄させるのは、公衆衛生上問題があり、近所迷惑になる可能性も。室外排泄しかできないと、雨の日も病気の日も外に出なければならず、犬にとっても飼い主にとっても大きな負担になります。

★関連ページ P84、148

Q5
抜け毛のそうじってたいへんですか？

「予想以上に多い」と、抜け毛については嘆く飼い主さんも多いものです。とくに冬毛から夏毛へ、あるいはその逆へ生え変わる時期があり、そのときは大量に毛が抜けます。

そうじの負担を軽くするには、こまめにブラッシングをして抜け毛の飛び散りを防ぐのが一番。それでも少なからず部屋には抜け毛が飛び散るので、そうじは欠かせません。

なお、抜け毛の量は犬種によって差があり、トイ・プードルやヨークシャー・テリアなどは抜け毛が少ない犬種、柴犬やコーギーなどはかなり抜け毛の多い犬種です。

★関連ページ P94

室内犬のいる家庭に、粘着ローラー（コロコロ）は必需品

Q6
においは気になりますか？

ペットを飼う以上、においを完全になくすことはできませんが、こまめに換気を行ったり、空気清浄機や消臭グッズを利用することでかなり改善できます。犬の体臭については個体差もありますが、シャンプーを定期的に行うなどして清潔を保てば、それほど気にならないものです。あまりにも体臭がきついときは病気の疑いもあります。

★関連ページ P94

犬も人も快適に暮らすために…

部屋作りのポイント

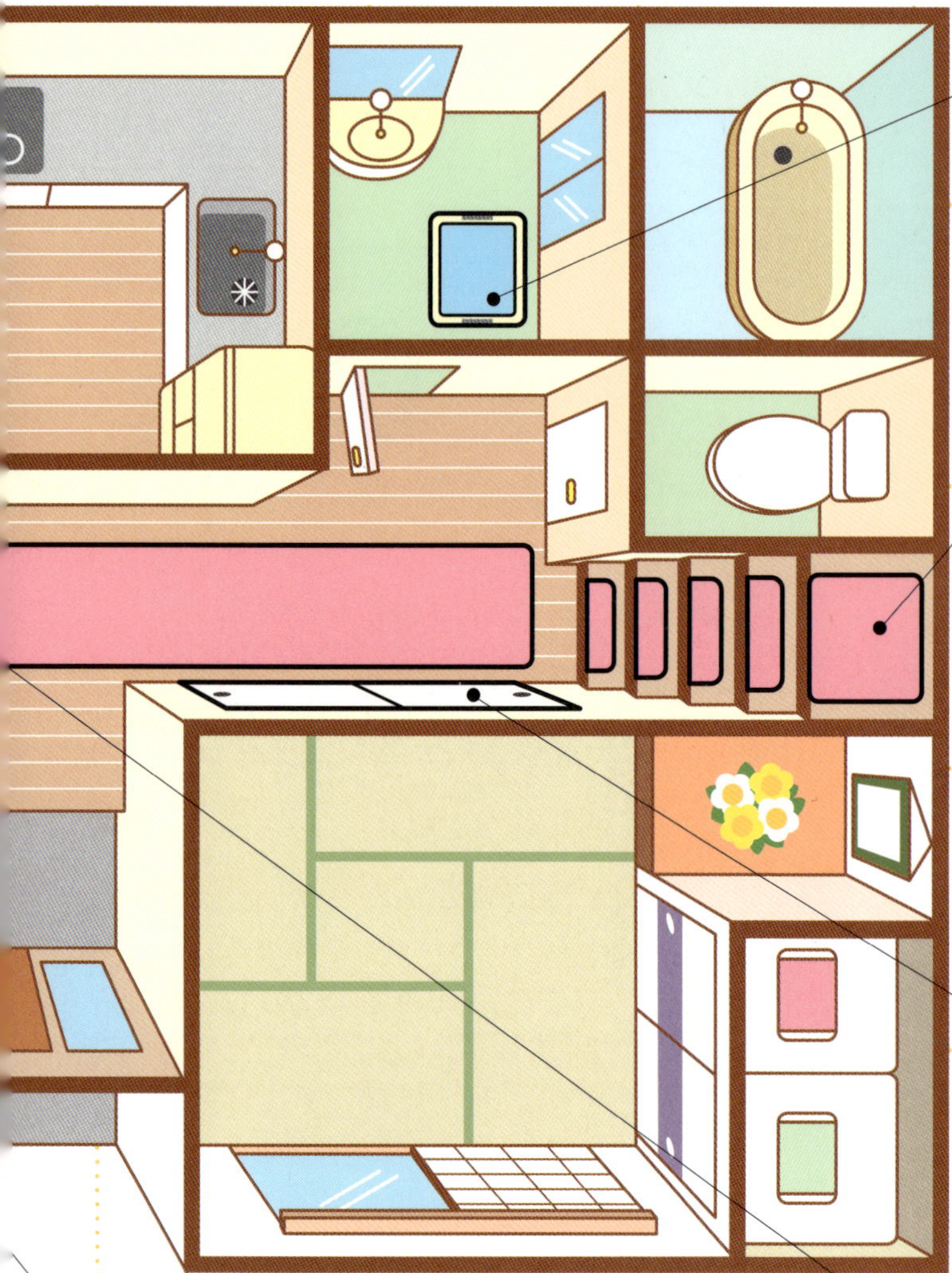

●トイレは水回りに置いてもOK

お風呂場などの水回りにトイレを置くと、においも気にならず、そうじもしやすいのでラク。ただし子犬のうちはハウスの近くに置き、トイレを完全に覚えてから移動する。

●階段にはすべり止めを

階段を通らせる場合はすべり止めのマットを使用。ただし、階段の昇り降りは足腰に負担がかかるので、小型犬や胴長の犬種などは、なるべくなら通らせないのが無難。

●入れたくない部屋はドアを閉めておく

イタズラされたり、汚されては困る部屋は、犬が入れないようにつねにドアを閉めておく。

●すべりにくい床に

すべりやすいフローリングは足腰を痛める原因に。市販のすべり止めワックスをかけたり、短毛のカーペットやコルクマットなどクッション性のある素材を敷こう。

●開けっぱなしのドアには、ドアストッパーを

ドアを開けておくときは、犬が挟まれないようにドアストッパーを。なお、犬が体温調節しやすいように、しつけができたら、なるべく広い範囲を自由に行き来できるようにするのが理想。

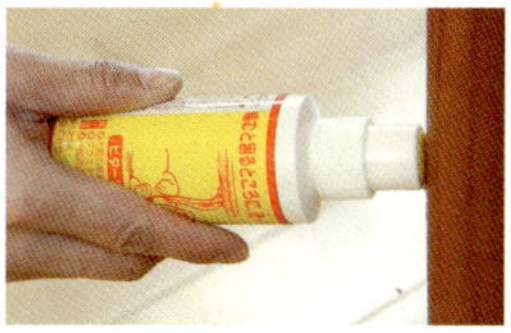

●動かせないものには、かみつき防止剤を

犬が嫌いな味をつけておくことで、かみつきを防止する方法も。ペットショップなどでグッズが市販されているので、家具など動かせないものにつけておくとよい。

●危険ゾーンには柵を設置

キッチンや階段など、入ってほしくない場所があるなら、柵を取りつけると安心。

●室温に気を配る

一般に犬は人間よりも寒さに強く暑さに弱いが、犬種によっても違うので、愛犬の様子を見て調整を。また、犬の体高に合わせて、室温をチェックすること。

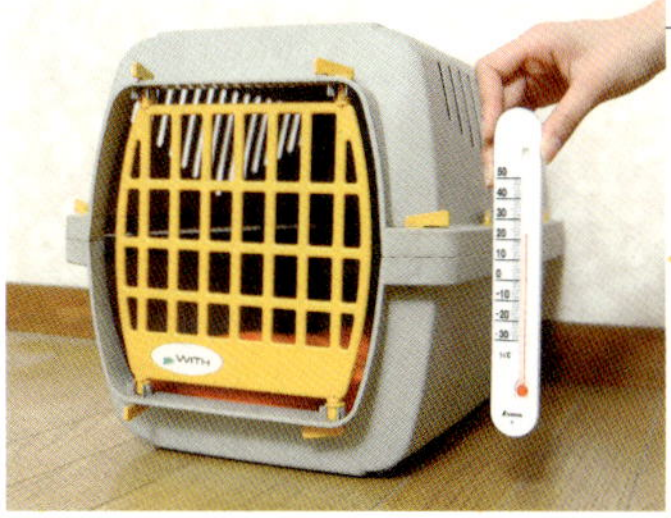

●部屋を片づける

犬にとって危険なものや、イタズラされて困るものは、犬の届かない場所に片づける。犬の目線まで腰を落として部屋の中の点検を。

●換気は十分に

部屋ににおいがこもらないように、こまめに窓を開けて換気を。空気清浄機や消臭グッズを併用するとベター。

●電気コード、コンセント対策

かじると感電や漏電事故につながることも。家具の後ろに通したり、コンセントカバーを使って目立たないように工夫を。かみつき防止剤をつけておくのも手。

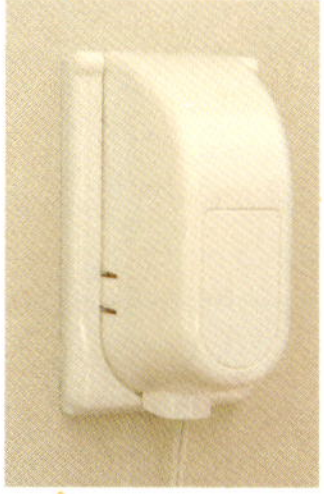

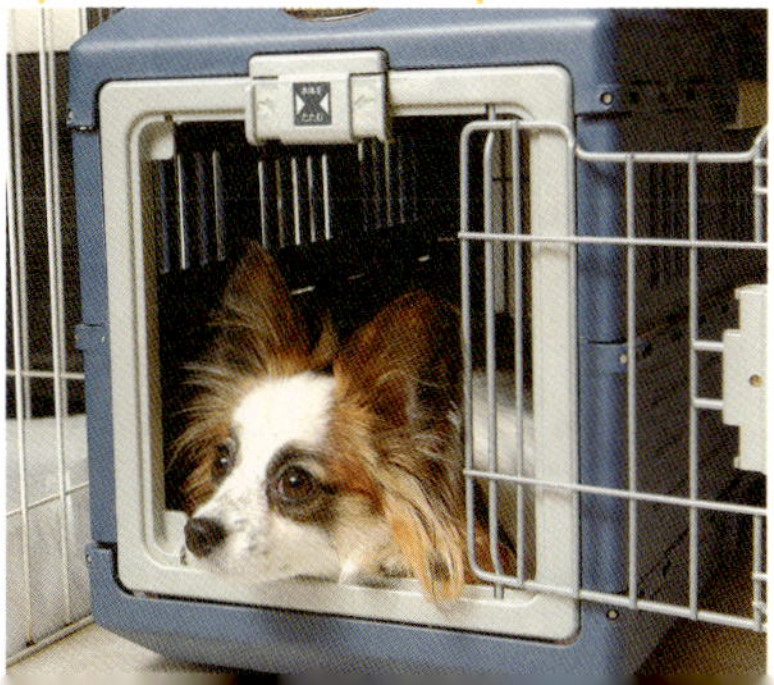

●ハウスを設置

室内犬にもハウスは必要。入れっぱなしにするのではなく、犬が自分から入って眠ったり、リラックスする場所になる。設置場所は、日当たり、風通しがよく、家族の目が行き届くリビングの壁際が最適。人通りの多い入り口近く、エアコンの真下、直射日光の当たる場所は避ける。

●トイレを設置

子犬が排泄しそうになったらすぐに連れていけるように、最初はハウスの近くに置く。

室内犬の飼い方・しつけ方

PART 1 人気の室内犬大集合! ドッグカタログ

PART 2

犬と仲よくなるために
犬のことを正しく知ろう

PART 3

新しい家族を迎える
犬との出会いと迎える準備

CONTENTS

PART 4

生活マナーと社会化レッスン

子犬との生活が始まった！

81～112

PART 5

しつけ&トレーニング

快適な共同生活のために

113～142

PART 6

一緒だから楽しい
散歩&おでかけレッスン

PART 7

いつもきれいに清潔に
ケア&ビューティ

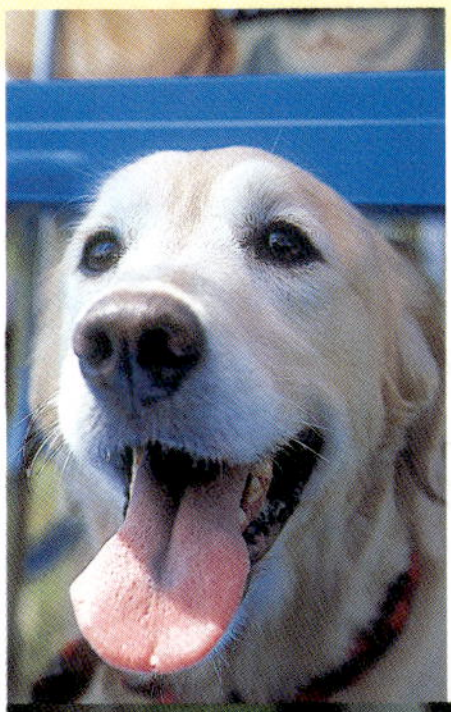

PART 8

いつまでも元気でいてほしい 愛犬の健康管理 173～193

●本書は2005年3月現在のデータに基づいています。
●写真に記号が付いている商品の問い合わせは、198ページの商品協力リストを参照してください。

Part 1

人気の室内犬大集合！

ドッグカタログ

Catalog

室内で飼うならどんな犬？

家族と同じ空間に住み、たっぷりコミュニケーションをとりながら暮らせることが、犬の幸せ

人気のミニチュア・ダックスフンドは、もともと猟犬だった犬。小さい体でも運動量は多く、活発。犬種本来の特徴をよく理解して、上手に育てていきたい

犬種の特徴を理解することが室内犬選びのポイント

犬は仲間と一緒に暮らすのが自然な生き物ですから、どんな犬でも室内飼いが理想的。小型犬から超大型犬まですべての犬が、愛犬候補になります。

大型犬や運動量の多い犬でも、外で十分に散歩や運動をさせられるなら、家の広さはそれほど関係ありません。ただ、時間がなかなかとれないとか、家でのんびり犬と暮らすほうがいいなら、運動量の少ない落ち着いた性格の犬を選んだほうが、お互いに幸せです。

犬の種類は約４００種もあるといわれ、犬種ごとに作られた目的があり、性格や気質にも違いがあります。それぞれが従事していた仕事・役割によって、大まかに左の７つに分類できます。グループ別の特徴を知ることで、ライフスタイルに合う犬を見つけられたり、その犬とうまくつきあうポイントが見えてきます。そのうえでさらに、気になる犬種について知識を深めていけば、よりよいパートナーを探し出せるでしょう。

グループ別の特徴

TOY トイ・ドッグ（愛玩犬）

そばに置いて、かわいがることを目的に改良された小型犬たち。古くから人を癒《いや》し、なごませてきたので、人の感情の起伏を読み取るのが得意。ただし猟犬を改良した例などもあり、性格はいろいろ。

ワンポイントアドバイス

「小さい＝飼いやすい」わけではない。あくまでしつけ次第。甘やかされてわがままになる犬も多い。吠えたり、かんだりする傾向が強い犬も。

おもな犬種

●チワワ　●パピヨン　●マルチーズ　●ポメラニアン
●トイ・プードル　●ヨークシャー・テリア　●シー・ズー

TERRIER テリア（獣猟犬）

ネズミなどの小型獣の狩りに使われていた猟犬。巣穴に単独でもぐりこみ獲物をしとめていたため、独立心旺盛で勇敢。明るく活発だが、気性は激しいほう。穴掘りが好きな犬が多い。

ワンポイントアドバイス

自立心があり、粘り強く、頑固で勝ち気。「テリア気質」と呼ばれるこの性格をよく理解して飼わないと手に余ることも。

おもな犬種

●ワイヤー・フォックス・テリア　●ジャック・ラッセル・テリア
●ミニチュア・シュナウザー

HOUND ハウンド・ドッグ（獣猟犬）

テリア種を除いた獣猟犬のグループ。鋭い嗅覚《きゅうかく》を武器に獲物を追い詰めるセント・ハウンドと、すぐれた視覚とスピードで獲物に迫るサイト・ハウンドに大別される。どちらもスタミナ、脚力は抜群。

ワンポイントアドバイス

吠えやすい犬もいるので、子犬のころの社会化を十分に。運動欲求が高いので、なるべく思い切り走り回る機会を作ること。

おもな犬種

●ミニチュア・ダックスフンド　●ビーグル　●ボルゾイ
●アフガン・ハウンド

HERDING ハーディング・ドッグ（牧畜犬）

広い牧場で家畜の警護や誘導の仕事をしていた犬たち。自己判断力があり、頭脳明晰。運動能力も高く、アジリティやディスクの競技会などで活躍する犬も多い。

ワンポイントアドバイス

スタミナがあるので、飼い主も犬に負けない体力が必要。訓練性能には定評があるが、頭がいいぶん飼い主の考えを先読みし、トレーニングがやりづらくなることも。

おもな犬種

●ウェルシュ・コーギー・ペンブローク
●シェットランド・シープドッグ　●ボーダー・コリー

SPORTING スポーティング・ドッグ（鳥猟犬）

銃を使ったスポーツ・ハンティングに使われた犬たちで、獲物の居場所を知らせたり、撃ち落とされた獲物を回収するのがおもな仕事だった。温厚な性格で、攻撃性は低い。

ワンポイントアドバイス

賢く従順なので比較的しつけやすいが、大型犬が多いのでしつけを怠ると手に負えなくなることも。イタズラ好きな面もあるので、子犬のころは行動管理を徹底して。

おもな犬種

●ゴールデン・レトリーバー　●ラブラドール・レトリーバー
●アメリカン・コッカー・スパニエル

WORKING ワーキング・ドッグ（作業犬）

重い荷車を引く犬、救助犬、護衛犬、番犬、軍用犬などとして活躍していた犬たち。番犬や軍用犬だった犬はもともと攻撃性が強かったが、最近は家庭犬向けに改良が進んでいる。

ワンポイントアドバイス

体が大きく力も強い犬が多いので、しつけは不可欠。高い作業意欲、運動欲求を十分に満たしてあげること。

おもな犬種

●グレート・ピレニーズ　●シベリアン・ハスキー
●バーニーズ・マウンテン・ドッグ

NON SPORTING ノン・スポーティング・ドッグ（そのほか）

系統や容姿がどのグループにも属さない個性的な犬たち。「ルーツをさかのぼれば猟犬だった犬」、「愛玩目的の犬だがトイ・グループに入れるには体が大きい犬」など、さまざまなタイプの犬が含まれている。

ワンポイントアドバイス

容姿も気質もバラバラで共通性はないので、それぞれルーツをさかのぼって、気質や特徴をおさえておこう。

おもな犬種

●柴犬　●ダルメシアン　●スタンダード・プードル

（右）ロング
（左）スムース

TOY チワワ

大きな瞳が魅力の世界一小さな犬。体はきゃしゃでも、意外と勇敢

子犬

うるんだ大きな瞳が印象的な超小型犬。しかし、見かけとは裏腹に気が強く、自分より大きな相手に、物怖じせず向かっていく大胆な面も。けっこう活動的で、家中をちょこまか動き回る。神経過敏で吠えたり、かんだりする傾向が強いので、子犬のころの社会化は大切。自立心に富み、留守番は比較的受け入れやすい。毛質はロングとスムースの2種類があり、毛色も豊富。

DATA

原産国：メキシコ／体高：12～23cm／体重：1～2.7kg／毛色：フォーン、ブルー、ブラック、チョコレート、クリーム、ブラック＆タンなど

●運動量の多さ　：★★
●抜け毛の多さ　：★★
●吠えやすさ　：★★★★
●しつけの難しさ：★★★

MEMO
超小型犬とはいえ、室内で遊ぶだけでは運動量は不十分。必ず散歩をさせること。寒さに弱いので冬は防寒対策を。

DATAの見方

●体高と体重
いずれも成犬時の平均的な数値ですが、個体差があるので、あくまでも目安です。なお、体高は、犬が立った状態で床から肩までの高さです。

●運動量の多さ：★★★★★
5段階評価で、星の数が多いほど、必要運動量の多い犬種です。ただし運動量の少ない犬でも、社会化のために散歩は必要です。

●抜け毛の多さ：★★★★★
5段階評価で、星の数が多いほど、抜け毛の多い犬種です。

●吠えやすさ：★★★★★
5段階評価で、星の数が多いほど、もともと吠える性質の高い犬種です。

●しつけの難しさ：★★★★★
5段階評価で、星の数が多いほどしつけがしにくい犬種です。しつけがしやすい犬種というのは、人に集中しやすく、理解を促しやすいタイプの犬。一方、しつけがしにくいのは、マイペースな犬や頑固な犬です。頭がよいからといって必ずしもしつけやすいわけではなく、飼い主の考えを先読みされ、トレーニングがやりづらくなることもあります。

※犬にも人と同じように個性があり、住環境や家族構成、飼い主の育て方などによっても性格は変わります。犬種特有の性質を理解しつつ、それぞれの個性をよく見極めて柔軟に対応し、愛情を持って育てていくことが大切です。

※被毛のタイプについての説明は159ページを参照してください。

HOUND ミニチュア・ダックスフンド

知的で明るく、ファッション性もあり。登録数1位を独走中の大人気犬種

アナグマ狩りに生み出されたダックスフンドを、ウサギなどの小型獣狩り用に小型化したのが、ミニチュア・ダックスフンド。毛質はスムース、ロング、ワイヤーの3種類があり、毛色も豊富。猟犬出身だけにとても活発。自己判断で狩りをしていたため、自分の意思で行動したがる傾向が強い。しつけに根気がいることもあるが、子犬のころから一貫性を持ってしつければよきパートナーになれるはず。大きな声でよく吠える犬が多いので、見知らぬ人や犬、音などに子犬のうちから慣らしておきたい。

ワイヤー

DATA

原産国：ドイツ／体高：13～25cm前後／体重：4～5kg／毛色：レッド、クリーム、ブラック＆タン、チョコレート＆タン、シルバーダップルなど
●運動量の多さ　：★★★
●抜け毛の多さ　：★★★
●吠えやすさ　　：★★★★
●しつけの難しさ：★★★

MEMO
体型的に椎間板ヘルニアになりやすいので、肥満は大敵。ジャンプをするような運動や階段の昇り降りは極力避ける。ワイヤーの場合は、定期的なトリミングが必要。

スムース

子犬

ロング

TOY トイ・プードル

さまざまなスタイルが楽しめる おしゃれ度ナンバーワンの犬種

水辺の猟犬として活躍していたスタンダード・プードルを、小型化したのがトイ・プードル。さまざまなカットスタイルやファッションが楽しめるだけでなく、運動能力も知性も高い万能犬。抜け毛がほとんどないのも室内飼いにはうれしいところ。甘えん坊で、人なつっこい性格だが、少々神経質で興奮しやすいところがある。物覚えがいいだけに、間違ったことを教えたり怖い思いをさせると、よく覚えているので注意を。

DATA

原産国：フランス／体高：28cm以下／体重：3kg前後／毛色：レッド、アプリコット、ブラック、シルバー、ホワイトなど

- ●運動量の多さ：★★★
- ●抜け毛の多さ：★
- ●吠えやすさ：★★★
- ●しつけの難しさ：★★

MEMO

抜け毛は少ないが、被毛はからまりやすいので、まめにブラッシングを。毛がのびるのが早いので、月1回程度のトリミングが必要。

子犬

◎断尾と断耳について

生後間もない犬のシッポを切って短くすることを断尾、耳を切って小さくすることを断耳といいます。一般に断尾の習慣がある犬種は、トイ・プードル、ヨークシャー・テリア、ウェルシュ・コーギー・ペンブローク、一部のテリア種など。断耳の習慣があるのはミニチュア・シュナウザー、ミニチュア・ピンシャーなどです。断尾は生後2～5日頃、断耳は生後3か月前後に行われるのが一般的ですが、動物福祉の観点から法律で禁止している国もあります。断尾や断耳のされていない犬を希望するなら、予約段階でブリーダーに交渉するのもひとつの方法です。

TOY シー・ズー

愛嬌たっぷりで、甘え上手。いつの時代も人気者

中国の宮廷で神聖な犬として大事にされてきた犬。甘え上手で、人なつっこいので、多くの人に愛され、つねに人気犬種ランキングの上位にいる。攻撃性は低く、むだ吠えも少ない。比較的しつけもしやすく初心者におすすめだが、少々頑固で気分屋な面も。ボリュームのある長い被毛はこまめな手入れが必要。

DATA

原産国：中国／体高：27cm以下／体重：4〜8kg／毛色：ホワイト&ゴールド、ブラック&ホワイトなど

●運動量の多さ　：★★
●抜け毛の多さ　：★★★
●吠えやすさ　　：★★
●しつけの難しさ：★★

MEMO
被毛はもつれやすく、抜け毛も多いので、毎日ていねいにブラッシングを。定期的なトリミングも必要。毛をのばす場合は、目を傷つけないように頭の被毛は結んでおく。

TOY ヨークシャー・テリア

絹糸のような美しい被毛の持ち主。「輝く宝石」と呼ばれる貴族の犬

愛称は「ヨーキー」。神経がこまやかで愛情深い愛玩犬らしい面と、テリア特有の気の強さや活発な面を持ち合わせている。見知らぬ人や犬に対しての警戒心はかなり強く、吠えたり、かんだりする傾向も強いので、社会化は大切。とはいえ利口な犬種なので、子犬のころからしっかりトレーニングを行えば理想的なパートナーになれるはず。

子犬

DATA

原産国：イギリス／体高：23cm前後／体重：2〜3kg／毛色：スチールブルー＆タン

●運動量の多さ　：★★★
●抜け毛の多さ　：★
●吠えやすさ　　：★★★★
●しつけの難しさ：★★★

MEMO
美しい被毛を保つにはまめなブラッシングと定期的なトリミングを。ショードッグのように長くのばす場合は、特別な手入れが必要。

子犬

TOY パピヨン

マリー・アントワネットも寵愛した大きな耳が特徴的な優美な犬

スパニエルをベースに17世紀のフランスで小型化され、宮廷の貴婦人たちに愛された犬。その名が示す通り、蝶のような大きな立ち耳が特徴。きゃしゃでおとなしそうだが、とても活発ですばしっこい。頭がよく、運動能力も高いので、アジリティや訓練競技会などで活躍する犬も多い。気が強い面もあるので、一貫性を持ってしっかりしつけることが大事。

DATA

原産国：フランス／体高：20～28cm／体重：4～5kg／毛色：ホワイト＆レッド、ホワイト＆ブラックなど

●運動量の多さ　：★★★★
●抜け毛の多さ　：★
●吠えやすさ　　：★★★★
●しつけの難しさ：★★★★

MEMO
抜け毛は少なく、長毛のわりにはブラッシングに時間がかからない。耳や首まわりなどの飾り毛はからまりやすいので、ていねいにブラッシングを。

TOY ポメラニアン

フワフワの被毛が自慢。くるくる変わる表情も魅力的

昔から室内犬として人気の犬種。きわめて快活で好奇心旺盛だが、言い換えれば騒々しくイタズラ好きなので、おおらかに接してあげられる家庭向き。社会化を十分にしないと臆病なうえに警戒心が強くなり、結果として吠えたり、恐怖から人をかんだりしがち。十分に時間をかけて社会化をしよう。

DATA

原産国：ドイツ／体高：20cm前後／体重：1.5～3kg／毛色：オレンジ、クリーム、ブラックなど

●運動量の多さ　：★★★
●抜け毛の多さ　：★★★★
●吠えやすさ　　：★★★★★
●しつけの難しさ：★★★

MEMO
ストレスがたまるとむだ吠えしやすいので、散歩はしっかり。フワフワの被毛を保つためには、毎日ていねいにブラッシングを。

TOY マルチーズ

真っ白な被毛をまとった可憐な容姿 安定した人気を誇る愛玩犬

勝ち気で落ち着きのない犬が多い小型犬の中にあって、マルチーズは比較的落ち着きのあるタイプ。しかし、それは十分に社会化し、運動が満ち足りてこそ。人への依存心や集中度は高いほうなので、比較的しつけはしやすい。よい家庭犬にするためにも、子犬のころから積極的に外へ連れ出して社会性を身につけさせよう。

DATA

原産国：イタリア（マルタ島）／体高：20〜25cm／体重：2〜3kg／毛色：ホワイト

●運動量の多さ　：★★★
●抜け毛の多さ　：★
●吠えやすさ　　：★★★★
●しつけの難しさ：★★

MEMO

もつれやすい毛質なので、毎日しっかりブラッシングを。定期的なトリミングも必要。白い被毛は汚れが目立つので、目や口、お尻まわりなどはまめに拭いてあげて。

TOY キャバリア・キング・チャールズ・スパニエル

陽気で温和な性格。社交性はナンバーワン

長く大きなたれ耳と、耳や足、胸の飾り毛が特徴。性格はとても陽気で、はしゃぐことが大好き。気立てがよく、誰とでもつきあえるフレンドリーな性格で、比較的初心者でも飼いやすい。鳥猟犬のスパニエルらしい性質も受け継ぎ、活動的で運動も得意。警戒心が低いので番犬には不向き。

DATA

原産国：イギリス／体高：30cm前後／体重：5〜8kg／毛色：ブレンハイム、トライカラー

●運動量の多さ　：★★★
●抜け毛の多さ　：★★★★
●吠えやすさ　　：★★
●しつけの難しさ：★★

MEMO

毛玉ができやすいので、まめにブラッシングを。また、食欲旺盛で肥満になりやすいので、食事管理はしっかりと。

SPORTING ゴールデン・レトリーバー

誰にでもやさしく、フレンドリー。温厚な性格は室内でも飼いやすい

ハンターが撃ち落とした獲物を口にくわえて回収する仕事をしていたため、口を使った作業が大好き。そのため子犬のころのあまがみやイタズラにはそれなりの心構えが必要。とはいえ、基本的には温厚で従順な性格なので、運動としつけを十分に行えば最良の家庭犬に。

DATA

原産国：イギリス／体高：オス56～61cm、メス51～56cm／体重：オス30～34kg、メス25～30kg／毛色：ゴールド、クリーム

●運動量の多さ　：★★★★★
●抜け毛の多さ　：★★★★
●吠えやすさ　　：★
●しつけの難しさ：★★½

MEMO

よい資質を持った犬種だが、ルールを教えなければトラブルメーカーに。大型犬だけに飛びつきや引っぱりグセがつくと制御するのがたいへん。子犬のうちからしつけを。

子犬

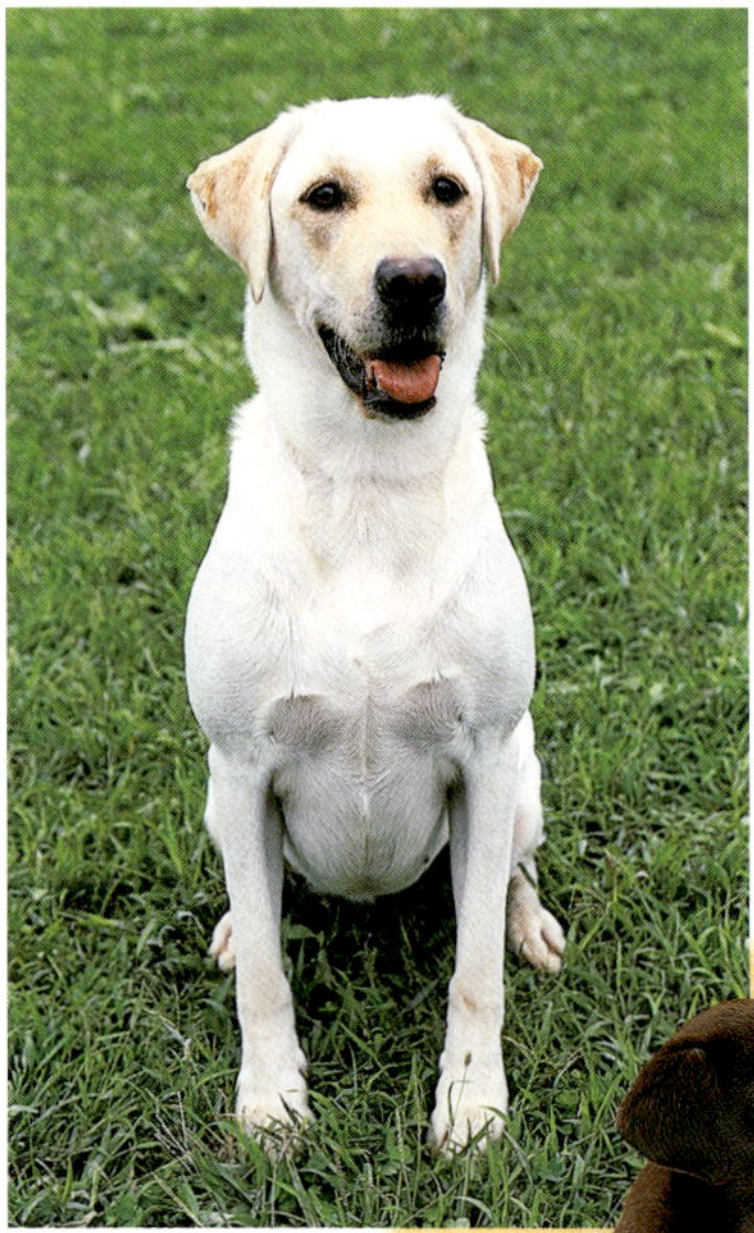

SPORTING ラブラドール・レトリーバー

賢く従順で、環境適応能力もあり。理想の家庭犬だが、意外とイタズラ好き

ゴールデン同様、獲物を回収する鳥猟犬として活躍。誰にでも友好的。適度に自立心もあり、性格的にも体力的にもゴールデンよりタフ。頭がいいだけに子犬のころの激しいあまがみとイタズラには手を焼かされる。せっかくの能力もトレーニングをしなければ潜在能力のまま。トレーニングでよい資質をのばしてあげよう。

子犬

DATA

原産国：イギリス／体高：オス56～62cm、メス54～59cm／体重：オス27～34kg、メス25～32kg／毛色：イエロー、ブラック、チョコレート

●運動量の多さ　：★★★★★
●抜け毛の多さ　：★★★
●吠えやすさ　　：★
●しつけの難しさ：★★½

MEMO

運動欲求の強さはトップクラス。ストレスをためないよう十分に運動させること。ゴールデン同様、子犬のころからしっかりしつけを。

HOUND ビーグル

スヌーピーのモデルになった元気いっぱいの犬

もともとは鋭い嗅覚《きゅうかく》でウサギなどを追い詰めていた猟犬。吠えたてて獲物の場所をハンターに知らせていたため、攻撃性は低いが、よく吠える性質が残っている。性格は陽気でおおらか。子どもと遊ぶのも大好きで、何事にも順応しやすい性格。マイペースで気まぐれなところがあるので、トレーニングには時間がかかることもある。

DATA

原産国：イギリス／体高：33cm以下のタイプと33～36cmのタイプの2 種類／体重：7～12kg／毛色：トライカラー、レモン&ホワイトなど

- 運動量の多さ　：★★★★½
- 抜け毛の多さ　：★★★
- 吠えやすさ　：★★★★★
- しつけの難しさ：★★★

MEMO

食欲旺盛なので、食事の管理には気を配り、盗み食いや拾い食いをしないように注意。たれ耳なのでこまめに耳の手入れをして清潔を保とう。

HERDING ウェルシュ・コーギー・ペンブローク

丸いお尻と短い四肢が愛らしい。明るくタフなスポーティドッグ

子犬

もともとは牛追いの牧畜犬。牧場を駆け回っていたため非常にタフで、大型犬なみの体力の持ち主。頭がよく運動能力も抜群なので、訓練競技会やアジリティなどの上位者の常連。賢くパワフルなだけにしっかりトレーニングする必要も。警戒心やテリトリー意識は強い。

DATA

原産国：イギリス／体高：25～30cm／体重：10kg前後／毛色：レッド、セーブル、ブラック＆タンなど

- 運動量の多さ　：★★★★★
- 抜け毛の多さ　：★★★★
- 吠えやすさ　：★★★★
- しつけの難しさ：★★★

MEMO

運動が大好きで疲れ知らずなので、散歩や運動は十分に。ただし、胴長体型のため、高いジャンプなどは体に負担がかかる。無理をさせないこと。

NON SPORTING

柴犬

素朴で野性的な魅力を残す 飼い主に忠実な日本古来の犬種

もともとは、マタギとともに山に入ってウサギや鳥などの狩りをしていた猟犬。狩りの一連の作業をほとんどひとりでこなしていたため、すばやく状況判断ができる利口な犬種。飼い主には忠実だが、洋犬とは違いベタベタ甘えないクールさがある。警戒心やテリトリー意識が強く、見知らぬ人や犬には吠えかかることも多いので、子犬のころから十分に社会化を。

DATA

原産国：日本／体高：オス38～40cm、メス35～38cm／体重：オス8 ～10kg、メス7～8kg／毛色：赤、黒褐色、胡麻など

- ●運動量の多さ　：★★★½
- ●抜け毛の多さ　：★★★★★
- ●吠えやすさ　：★★★
- ●しつけの難しさ：★★★

MEMO

抜け毛が多いので、しっかりブラッシングを。古くから日本で暮らしてきただけに、日本の風土や気候に合い、病気などのトラブルは比較的少ない。

HERDING

シェットランド・シープドッグ

愛情深く温厚で、飼い主思い。運動能力も知能も高い優秀な犬

イギリスのシェットランド諸島で牧羊犬として働いていた犬。走るものを追ったり、吠える本能は比較的強いが、温和でとても素直な性格。やや気弱で神経質な面がある。知らない人や音には敏感に反応し吠えることも多いので、子犬のころから積極的に外へ連れ出し社会性を身につけておきたい。運動能力が高く、アジリティなどにも向いている。愛称は「シェルティー」。

DATA

原産国：イギリス／体高：33～41cm／体重：オス9～12kg、メス8～11kg／毛色：セーブル、ブルーマール、トライカラーなど

- ●運動量の多さ　：★★★★
- ●抜け毛の多さ　：★★★★
- ●吠えやすさ　：★★★★★
- ●しつけの難しさ：★★★

MEMO

運動欲求が強いので、ストレスをためないよう散歩や運動は十分に。また、美しい被毛を保つため毎日ていねいにブラッシングを。

TERRIER ミニチュア・シュナウザー

見た目は"おじいさん風"でも とても活発で、遊び好き

立派な口ヒゲとフサフサの眉毛がトレードマーク。もともとネズミ捕りの仕事で活躍していた犬種。とても活発で気が強く、独立心も旺盛だが、気性の激しいテリア種の中にあっては穏やかで、人なつっこいほう。留守番はちょっと苦手。

DATA

原産国：ドイツ／体高：30〜35cm／体重：6〜7kg 前後／毛色：ソルト＆ペッパー、ブラック、ブラック＆シルバーなど
●運動量の多さ　：★★★★½
●抜け毛の多さ　：★★
●吠えやすさ　　：★★★★
●しつけの難しさ：★★★½

MEMO
抜け毛は少ないので、日々の手入れはラクだが、定期的にトリミングが必要。

TERRIER ジャック・ラッセル・テリア

小型でも底知れぬパワーの持ち主。ドッグスポーツが得意な犬

とてもタフで、運動量は大型犬をしのぐほど。ドッグスポーツを楽しみたい人におすすめだが、攻撃性や興奮性の高い一面もあるので、初心者にはやや手強い相手かも。あり余るエネルギーをトレーニングに向けられれば最高のパートナーに。

DATA

原産国：イギリス／体高：23〜30cm／体重：5〜8kg／毛色：ホワイト＆タン、ホワイト&ブラック、トライカラー
●運動量の多さ　：★★★★★
●抜け毛の多さ　：★★★★
●吠えやすさ　　：★★★
●しつけの難しさ：★★★★½

MEMO
運動が大好きで、疲れ知らずなので、毎日散歩と運動を十分に。被毛の手入れはラクだが、抜け毛はけっこう多い。

TERRIER ワイヤー・フォックス・テリア

テリア気質を色濃く残す 勝ち気でエネルギッシュなテリアらしいテリア

名前の通り、キツネ狩りで活躍していた犬種。活動性が高く、とても勝ち気で、独立心・警戒心が強い。従順なほうではないため、しつけには根気がいることも。犬種の特徴をよく理解し、しっかりトレーニングすることが大切。

DATA

原産国：イギリス／体高：38〜39cm／体重：7〜8kg／毛色：ホワイト・ブラック＆タン、ホワイト・グレー＆タンなど
●運動量の多さ　：★★★★
●抜け毛の多さ　：★★
●吠えやすさ　　：★★★★
●しつけの難しさ：★★★★

MEMO
特徴的な硬い被毛（ワイヤーコート）を維持するためには、プロによるトリミングが月1回程度必要。

TOY
パグ

温厚でマイペース。いびきをかく愛嬌たっぷりの犬

紀元前から中国で愛玩犬として飼われていた犬種。性格は温厚で、人なつっこい。小型犬のわりには落ち着いているほうなので、子どもでもお年寄りでも扱いやすい。マイペースで、頑固な面があるので、しつけには時間がかかることも。

DATA

原産国：中国／体高：25cm前後／体重：6.3〜8.5kg／毛色：フォーン、ブラックなど

●運動量の多さ　：★★
●抜け毛の多さ　：★★★
●吠えやすさ　：★★
●しつけの難しさ：★★★

MEMO
高温多湿の環境は苦手なので、快適な住環境を心がけて。顔のシワに汚れがたまりやすいので、まめに拭いてあげること。

NON SPORTING
ダルメシアン

『101匹のワンちゃん』でおなじみ水玉模様の大型犬

かつては馬車の護衛犬として活躍しただけに持久力は抜群。スマートで都会的な容姿だが、ダルメシアンの体力につきあえる元気な飼い主向き。活発で遊び好き。人なつっこいが、適度に自立心もあり、ベタベタ甘えるほうではない。

DATA

原産国：クロアチア（ダルメシア地方）／体高：56〜61cm／体重：23〜25kg／毛色：ホワイトにブラックまたはブラウンなどの斑

●運動量の多さ　：★★★★½
●抜け毛の多さ　：★★★
●吠えやすさ　：★★★
●しつけの難しさ：★★★★

MEMO
生まれつき聴力のない犬がいるので、子犬を譲り受ける際は注意。信頼できる相手から購入しよう。

ミックス

世界でたった1頭の超個性的な犬 それぞれの性格を見極めて上手に育ててあげて

ミックスとはいわゆる雑種のこと。以前は茶色か黒っぽい色で巻き尾、中型の日本犬ミックスが多かったが、国内にさまざまな種類の洋犬が増えるにしたがい、個性的なミックスが増えた。純血種と違い、成犬になったときの容姿がイメージしにくく、持って生まれた性質がわかりづらいのは、楽しみでもあり、また、不安でもある。親がわかっているなら、両親の性格や特徴を聞いておくと、ある程度予想できる。

Part 2

犬と仲よくなるために

犬のことを正しく知ろう

Friend

犬と暮らすということ

犬と暮らす魅力って

「犬と暮らし始めてから家族の会話が増えた」というのはよく聞く話です。犬の何気ないしぐさや行動、愛らしい表情は見ていて飽きることがありませんし、とても癒《いや》されます。犬と一緒に散歩するようになって健康的になった、交友関係が増えたという人も多いものです。休日には積極的にドライブやキャンプを楽しむようになったり、ドッグスポーツに挑戦したりと、犬との暮らしは新しいライフスタイルを生み出し、はりのある豊かな日々をもたらします。

　また、室内で飼うと、犬と家族が接する機会も多く、より親密になり、深い絆で結ばれるもの。室内犬は、かけがえのない家族の一員となるでしょう。

「かじる、走る、飛び跳ねる」は子犬の仕事のようなもの

犬は古来から人間と共存し、よきパートナーとなってきました。しかし、愛犬をよきパートナーにするかしないかは、

犬の世話いろいろ

●毎日すること

- 食事の世話
- トイレの排泄物の処理

●ほぼ毎日すること

- 散歩と運動
- ブラッシングまたは体拭き
- 健康チェック
- しつけ、トレーニング
- 一緒に遊ぶ

●定期的にすること

- トイレ・ハウスのそうじ
- 爪切り
- 耳そうじ
- 歯みがき
- シャンプー
- トリミング　※必要な犬種のみ
- 狂犬病などの予防接種
- フィラリア症予防
- ノミ・ダニなどの予防
- 健康診断

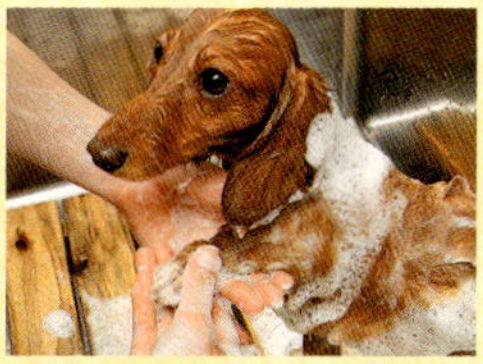

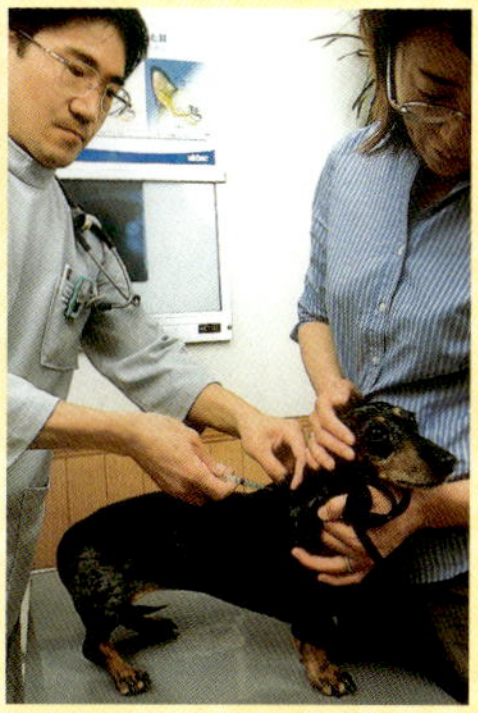

※そのほか、愛犬が病気やケガをしたときには看護が必要。
また、抜け毛のそうじやにおい対策も必要。

育て方次第。家に来たばかりの子犬は、決して行儀がいいわけではありません。かじったり、飛び跳ねたり、一日中動き回って遊んでいます。そのやんちゃぶりに驚くかもしれませんが、本来、犬はそうやって暮らす動物です。

ですから、犬とうまく共存していくためには、飼い主が人間社会のルールを教えなくてはなりません。けれども、人間と犬とでは言葉も習性も違います。犬がどんな動物なのかをよく理解したうえで、ひとつひとつわかりやすい方法で教えていくことが大切です。

楽しみと引き換えに制約を受けることもある

犬を迎え入れると、気ままに外出や旅行を楽しむというわけにはいかなくなります。また、ある程度経済的な負担もかかりますし、抜け毛やにおいについても気をつかうものです。もちろん、食事や排泄《はいせつ》の世話、健康を保つためのケアは、飼い主の義務。運動量の多い犬なら十分に運動させることも必要です。

かわいい愛犬の世話は楽しいものですが、毎日となると負担と感じることもあるかもしれません。家族がいるなら役割分担をして、1人が世話を抱え込まないように助け合いたいものです。ひとり暮

How much? 犬にかかる費用の目安

●最初にかかる費用

内訳	小型犬の場合	大型犬の場合	備考
犬の購入代	—	—	それぞれ異なる
畜犬登録代	3,000円	3,000円	地域によって異なる
狂犬病予防注射	3,500円	3,500円	年1回
健康診断	3,000円	3,000円	1回分
混合ワクチン接種	16,000円	16,000円	1年目は2～3回接種。左は2回分の金額
用具（ハウス、トイレ、食器、首輪など）	30,000円	40,000円	サイズが大きいぶん、大型犬用の用具のほうがやや高め
合計	55,500円	65,500円	犬の購入代を除く

●毎年かかる費用（年額）

	内訳	小型犬の場合	大型犬の場合	備考
日常生活費	食事	36,000円	72,000円	
日常生活費	ごほうび用のおやつ	12,000円	24,000円	
日常生活費	ペットシーツ代	12,000円	18,000円	子犬は頻繁に排泄するので、成犬よりシーツ代がかかる
日常生活費	おもちゃ	24,000円	36,000円	一緒に遊ぶおもちゃと、かじるおもちゃを用意。かじるおもちゃは、たくさん用意しておく
日常生活費	シャンプー、消臭剤などの消耗品	5,000円	7,000円	
日常生活費	小計	89,000円	157,000円	
医療費	狂犬病予防接種	3,500円	3,500円	年1回
医療費	混合ワクチン接種	8,000円	8,000円	年1回
医療費	フィラリア予防薬	10,000円	13,000円	体重により異なる
医療費	ノミ・ダニの予防	12,000円	15,000円	体重により異なる
医療費	健康診断	4,000円	4,000円	年1回の場合
医療費	小計	37,500円	43,500円	
	合計	126,500円	200,500円	

※医療費は病院によって異なります

●そのほか

（犬によってかかる費用）

- トリミング
  …1回5,000～10,000円程度
- しつけ教室
  …1回3,000～5,000円程度
- 病気・ケガの治療費
  …ケースによって異なるが、ペットの治療費はかなり高い
- 不妊手術費
  …オスの場合20,000～30,000円
  メスの場合30,000～50,000円
- 家具などの修繕費・買換費用
  …子犬にイタズラされてしまい、家具や服、靴などの修繕や買換えが必要になることもある

らしの場合は、いざというときにペットシッターや知人などに協力を頼めるように体制を整えておきましょう。

変わらぬ愛情で面倒を見続ける

犬の大きさや環境などにもよりますが、犬の平均寿命は約15年です。人間の子どもなら、やがて親から自立していきますが、犬は何歳になっても飼い主の世話を必要とします。歳をとれば犬も病気がちになり、もしかしたら介護が必要になるかもしれません。

人間が望んで迎え入れたわけですから、愛情を持って面倒を見続け、家族のもとで寿命をまっとうさせる責任があります。犬と暮らしたいと思ったら、まずはその生活をシミュレーションしてみましょう。15年、またはそれ以上の年月をともに暮らしていけるか、よく考えてみることが大切です。

Check! 今、犬を飼っても大丈夫？

❶ 家族全員の同意を得ている
- NO → BAD
- YES ↓

❷ ペットの飼育が可能な家に住んでいる
- NO → BAD
- YES ↓

❸ 当分、引っ越しの予定はない
- NO → BAD
- YES ↓

❹ 犬を養う経済的な余裕がある
- NO → BAD
- YES ↓

BAD まだ早い！ まずは犬を飼える環境を整えましょう

❺ 犬を飼おうと思ったのは、子どもが「ほしい」と言ったからだ
- YES → BAD
- NO ↓

❻ 外出や旅行の機会がある程度制限されてもかまわない
- NO → BAD
- YES ↓

❼ そうじや後片づけが嫌いだ
- YES → BAD
- NO ↓

❽ 犬が介護状態になっても最後まで面倒を見られる
- NO → BAD
- YES ↓

❾ 旅行や入院などで1日以上家を空けるときに、犬の世話をしてくれる人がいる
- NO → BAD
- YES ↓

❿ 平日も週末もほとんど家に誰もいない
- YES → BAD
- NO ↓

BAD まだ早い！ 犬と暮らすということをもう一度よく考えてみましょう

OK! あなたは犬を飼う資格があります。本格的に犬探しを始めましょう

アドバイス

❶家族全員に望まれて迎えられることが、犬にとって幸せ。1人でも反対していると、しつけやケアも難しくなる。

❷ペット禁止のマンションやアパートは問題外。こっそり飼うのは、のちのちトラブルの原因に。

❸犬は引っ越しなどの環境の変化は苦手。近々引っ越すなら、引っ越し後に迎え入れよう。

❹大病や大ケガをすれば、高額な医療費がかかることも覚悟しておく必要がある。

❺子どもが「世話をする」と言っても、子どもには任せられない部分も多い。子どもに役割を与えつつ、大人が責任を持って面倒を見る覚悟が必要。

❻犬の世話をするには、時間と心の余裕が必要。散歩や食事のために早めに帰宅したり、旅行の誘いを断らなければならないケースも出てくる。

❼犬のイタズラや事故防止のためには、部屋に余計なものを置かないのが鉄則。におい・抜け毛対策として、まめにそうじする必要も。

❽人間側が望んで迎え入れた以上、最後まで愛情深くケアするのは当然のこと。

❾とくにひとり暮らしや共働きの場合は、いざというときに犬の世話をしてくれる知人やペットシッター、ペットホテルなどをあらかじめ探しておこう。

❿犬はつねに誰かとかかわっていたい動物。コミュニケーションがとれないなら、お互いに不幸になるだけ。

Friend

犬の欲求を理解しよう

犬が犬らしく生活するために必要なこと

人間の三大欲求は睡眠欲、食欲、性欲だといわれますが、それが物理的に満たされるだけでは人間らしい生活を送っているとはいえません。犬も同じ。寝床と食事を提供してもらい、散歩に行くだけの毎日では満足できません。

犬が犬らしく豊かな生活を送るためには、日常的な世話のほかに、最低限、次の7つのことが必要でしょう。

①快適な生活空間を提供する
②においをかぎたい欲求を満たす
③かじりたい欲求を満たす
④社会的なかかわりを持たせる
⑤エネルギーを十分に発散させる
⑥体を健康に保つ
⑦犬の個性を尊重する

これらができていれば、犬はストレスも少なく、のびのびと生活できるでしょう。犬としての欲求がきちんと満たされ、日々の生活に満足している犬は、問題行動を起こすことも少ないはずです。

犬との生活はギブ&テイクで

犬が飼い主の言うことを聞くのは、それだけ得るものが大きいからです。犬への不満を口にする前に、まずはこちらから一定水準の生活を提供し、愛犬の生活が楽しく満ち足りたものとなるよう努力しましょう。そうすると犬は、ときには予想以上の奉仕（お返し）をして、飼い主を喜ばせてくれるものです。

犬の欲求1 快適な生活空間がほしい

長時間留守番させるときは、十分に動けるスペースを確保すること

狭い、暑い、汚いなど、落ち着かない空間にいることは、犬にとって大きなストレスになる。

●**広さ**…狭いケージに長時間閉じ込められっぱなしではストレスがたまる。長時間留守番させるなら、部屋でフリーにするか、サークルで囲った広めのスペースを用意し、ある程度動き回れる空間を作ること。

●**温度**…犬種や年齢にもよるが、一般に犬は人間よりも暑がりなので、エアコンの温度設定などには気を配ること。市販のペット用クールマットやホットマットなどを活用するのもおすすめ。

●**湿度**…ジメジメした場所は犬も苦手。ハウスは風通しのいい場所に置くこと。

●**騒音**…聴力の発達している犬にとって、工事などの大きい音は、かなり気になるもの。吠えたり、怖がったりするようなら、窓を閉めるなど、なるべく音から遠ざける工夫を。

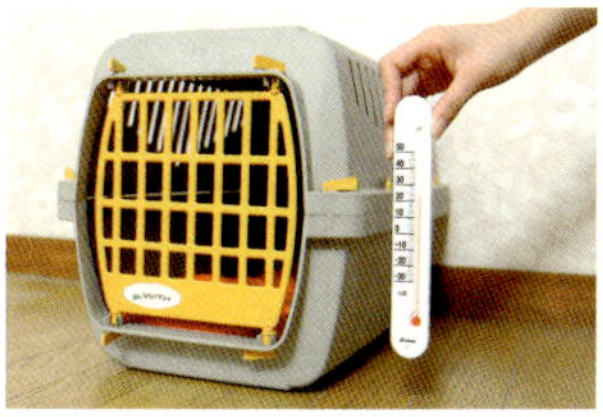

天井に近い場所と床に近い場所とでは、室温も違う。ハウスの高さで室温をチェックしてみよう

★関連ページ P66、82

犬の欲求2 においをかぎたい

草むらでにおいをかがせると伝染病がうつると心配する人もいるが、きちんとワクチン接種（➡P178）を受けていれば、その可能性はほとんどない

においをかぐことは、とても強い欲求。犬の嗅覚は人間の1,000倍以上といわれ、においをかぐことで、さまざまな情報を得ている。だから、散歩に出たら存分ににおいをかがせてあげたい。ただし、においをかがせる場所は、飼い主が選ぶこと。拾い食いしそうな場所や、マーキング（オシッコをかけてにおいづけすること）しそうなところは避け、安全で周囲に迷惑をかけない場所で、気のすむまでにおいをかがせてあげよう。

★関連ページ P77、147

犬の欲求 3 かじりたい

「かじりたい！」という欲求も、犬にとっては強い欲求。とくに子犬は好奇心が強く、また歯の生え変わり時期のムズムズ感もあって、この欲求が強くなる。子犬には、思う存分かじっていいおもちゃを与えること。十分にかじる欲求が満たされていれば、むやみに部屋の中のものをかじったり、イタズラするようなことも少ないはず。

★関連ページ P66、106

かじることは犬にとって当たり前の行動。十分に欲求を満たしてあげよう

つねに誰かとかかわっていたい犬にとって、室内飼いは理想的な環境

犬の欲求 4 人や犬とかかわりを持ちたい

犬は、つねにほかの犬や人とかかわりながら生活したいと望んでいる動物。声をかけたり、ふれたり、抱きしめたり、遊んだりと、たっぷりコミュニケーションをとることが大事。また、散歩に行ったときには、ほかの犬と遊ばせたり、家族以外の人ともコミュニケーションをとらせてあげよう。ただし、ほかの犬や人が苦手なら、無理に接触させる必要はない。

★関連ページ P42

犬の欲求 5 エネルギーを発散したい

犬種にもよるが、犬はかなり体力があるし、疲れるまで存分に体を動かしたいと思う動物。まだ若い2歳ぐらいまでは、1日1回は、「肩でハァハァと息をして、口を開けて舌を出し、舌の上には白い泡が出る」ぐらい疲れる運動をさせるのが理想的。とはいえ、毎日そこまで運動させるのは現実的には難しい。忙しい人は、平日は無理でも休日にはたっぷり運動の時間をとるなど工夫しよう。また、体だけでなく、頭を疲れさせる遊びをすることも大切。体力的な欲求を満たす運動ばかりしていると、犬の運動量がエスカレートし、飼い主がついていけなくなることも。体と頭をバランスよく使うことが、健全な成長を促す。

★関連ページ P100、150

散歩はただ歩くだけでなく、ボール遊びや早歩き、ジョギング、ほかの犬と遊ばせるなど、変化をつけて

イギリスには「疲れた子犬はいい子犬」ということわざがあるが、エネルギーを十分に発散した犬はイタズラする元気も残っていないもの

Advice
激しい運動は体ができあがってから

自転車の引き運動やダッシュなどの激しい運動は、早い段階で始めると骨格や軟骨の成長に悪影響をおよぼすことがあるので、犬の体の成長が完全に止まってから。アジリティやフリスビーに本格的に挑戦する場合は、関節や股関節などに疾患がないかチェックしておくこと。

犬の欲求6 健康でいたい

毎日のふれあいが、病気やケガの早期発見にもつながる

健康であるかどうかは、何よりも優先的に考えるべきこと。犬は言葉で痛みを訴えることができないので、飼い主が体をさわったり、行動を観察することで気づいてあげなければならない。ブラッシングのたびにかみつくと思ったら足に切り傷があった、排泄の失敗が多いと思ったら泌尿器系の病気があったなど、問題行動だと思っていたことが、実は病気やケガのせいだったということもある。犬の様子がおかしいと思ったら、すぐに動物病院でチェックしてもらおう。また、狂犬病ワクチン接種、混合ワクチン接種、フィラリア症予防などを徹底し、重大な病気から愛犬を守ろう。

★関連ページ P174

犬の欲求7 個性を尊重してほしい

レトリーバー種の子犬は、何でも口にくわえて遊んでしまう傾向がとくに強い。これは、獲物を口でくわえて運んでいた鳥猟犬としての特徴を受け継いでいるため。はじめからこういう性質を知っていれば、イタズラをおおらかに捉えることができるし、早めに対策を考えて予防することもできる

人間と同じように、犬もそれぞれ性格や能力が異なる。犬種ごとの特徴と、その犬の性格をよく理解してつきあっていくことが大事。また、一般に短所と思われるようなことでも、日常生活に支障がないなら無理に直す必要はない。たとえば、ほかの犬や人と仲よくできないが、飼い主のことは大好きで言うことをよく聞く犬の場合、それで犬が幸せならそのままでＯＫ。ただ、ほかの犬や人が近づくだけでブルブル震えたり、パニックになるなら、近づいても極端に怖がらないレベルまではトレーニングしたほうがいいが、一緒に遊べるレベルまでがんばる必要はない。その犬の性格やペースを尊重してつきあっていくことが大事。

★関連ページ P20、58

同じ犬種でも攻撃性が高いコもいれば、フレンドリーなコもいる。個体差は犬種差を越えるほど大きい

Friend コミュニケーションのとり方

信頼している人にやさしくなでてもらうと、気持ちが落ち着くだけでなく、血圧や心拍数も安定する。また、なでている人間にも、同様の効果があることが科学的に立証されている

よく話しかけられ、たくさん遊んでもらっている犬は、表情や情緒が豊かな犬に育っていく

よく遊び、よく話しかけよう

子犬が母犬や兄弟犬と暮らしていたら、走ったり、転がったりしながら犬同士で一日中遊んでいるはずです。それは子犬の成長にとって、とても大切な過程。飼い主は母犬や兄弟犬の代わりになって、たっぷり遊んであげてください。

また、室内犬は人の言動をよく観察するようになります。そして日々の生活の中から徐々に学び、自分の名前や家族の呼び名、よく聞く「ごはん」、「散歩」、「いいコ」などの単語を覚えていきます。たくさん話しかければ、犬はたくさん単語を覚え、飼い主との関係も親密になるでしょう。長い文章を正確に理解することはできませんが、声のトーンや表情、動作などから、人の気持ちを読み取り、一緒に喜んだり、はしゃいだりもします。

やさしくなでてあげよう

多くの犬は、なでられることが好きです。気持ちのいい場所をやさしくなでて

こんなコミュニケーションのとり方はNG

四六時中かまいっぱなし

室内飼いの場合、家族それぞれがかまいすぎて、犬を疲れさせてしまうこともありがち。また、飼い主とべったりとした関係を築くと依存心を高め、留守番ができなくなるなど将来困ることも。室内犬にもハウス（➡P62）を用意し、犬がひとりで過ごす時間も作ること。睡眠・食事中にかまうのもＮＧ。

子どもの乱暴な接し方

シッポや耳を引っぱる、叩く、頭にものをかぶせるなど、子どもは犬にイタズラすることがある。あまりにもしつこいと犬がかみつくことも。子どもには犬の接し方をきちんと教えること。また、子どもが犬と遊んでいるときは目を離さないように。

威圧感を与える態度をとる

悪気はなくても、犬に恐怖心を与える行動もある。正面からいきなり頭をなでる、後ろから急にさわる、覆いかぶさるなどは、いずれも威圧的な行動。とくに小さい犬の場合は注意して。

前足をつかんで立たせる、抱き上げる

関節を痛めたり、落としてケガをさせたりすることもある。抱くときは両手で体全体を支える（➡P71）。

さわられて気持ちのいい部分、苦手な部分

一般に犬が気持ちいいと感じる場所、逆に苦手と感じる場所は左の通りです。でも、この感覚は犬によって違いがあるので、よく観察して愛犬にとって気持ちのいい場所を見つけてあげてください。

なお、体の手入れや、動物病院での診察がスムーズにできるように、苦手な部分も、さわられることに慣らしておく必要があります。苦手な部分は、無理をせず、少しずつ慣らしていきましょう。

Friend

犬の気持ちとボディランゲージ

覚えておきたい ボディランゲージ

●うれしい・楽しい

うれしいときや楽しいときは、走り回ったり、ピョンピョン飛び跳ねたり、転げ回ったり、「ワン、ワン」と明るく吠えたり、とにかくじっとしていられない。

うれしいときは顔もイキイキ。目を細め、口角を上げ、人間と同じような笑顔を見せる犬も。耳は後ろに引っぱられたようになるが、緊張している場合は「怖い」という意味にもなるので、表情や全身の動きから判断を。

前足を前方に突っぱり、お尻を上げて弓なりの姿勢をとるのは犬が遊びを誘うときによく見かけるポーズ。

よく観察して愛犬の「犬語」を理解しよう

犬は、体の動きや表情、鳴き声などによって、さまざまなメッセージを送っています。そのメッセージをキャッチしてあげられれば、犬の望みを叶えてあげたり、ストレスのかからない状況を作ってあげたり、万が一の事故からも守ってあげることができます。

　犬の気持ちをあらわすボディランゲージはいろいろあります。ここで紹介しているのは代表的なものですが、その犬によって動きは微妙に違うものです。

　ですから、愛犬の様子をよく観察し、体全体の動きはもちろん、耳、目、背中の毛、シッポなどが、どんな状況で、どんな動きをするのかデータを集めてみましょう。たとえば、大好きな家族が帰ってきたときにはシッポが高く揺れ動く、苦手な動物病院に行ったときは体を小刻みに震わせ、シッポをお尻の下に巻き込む…、という具合です。たくさんデータを集めていけば、愛犬のボディランゲージの特徴がわかってくるはずです。

●守備的防御型の威嚇

近づかないで！
あっちに行って！

体勢を低くして、シッポをお尻の下に巻き込み、耳を後方に倒している犬は、恐怖心のほうが強く、相手に近づいてほしくないために威嚇をする。恐怖が限界まで達すると思わずかみついてしまうことがある。

●先制攻撃型の威嚇《いかく》

来るなら来い！
受けて立つぞ！
ウ～

①耳を前方に傾ける、②鼻にシワを寄せる、③犬歯をむき出しにする、④うなり声をあげる、⑤真正面から相手をにらみつける、⑥体が前のめりになる、⑦全身の毛が逆立つ、⑧シッポが高く持ち上がる…。これは、自分に自信があるタイプの犬がとる、典型的な威嚇のポーズ。こういうタイプの犬は、比較的弱い犬には寛容だが、相手も同じタイプだとケンカになりやすいので注意。

怖いよ～

●怖い・不安・緊張

体を小さくし、シッポをお尻の下に巻き込んでいるのは、怖がっているポーズ。体をブルブル震わせることもある。こんな状況にならないよう、無理なことはさせないように。

Question Q

犬がシッポを振るのはうれしいから？

ウレシイ♡
キ
キ

振っているときは興奮しているときで、理由はさまざま

犬がシッポを振っていると「うれしいんだ」と思いがちですが、必ずしもそうとは限りません。犬は興奮するとシッポを振るのであって、うれしいときもあれば、怒っている場合もあります。やはり体の一部で判断するのではなく、全身の動きや表情から気持ちを読み取るようにしましょう。

代表的なカーミングシグナル

カーミングシグナルは現在約30個発見されています。その中でも比較的わかりやすく、よく見られるカーミングシグナルを８つ紹介します。

1 あくびをする

飼い主に叱られているときや、トレーニング中などに飼い主がイライラしているときにあくびをするのは、「落ち着いて」というメッセージ。家族がケンカをしているときなどにも見られる。

2 体を振る

濡れているわけでもないのに体をブルブルと振るのは、不安や緊張をほぐそうとしている行動。また、おびえている犬に対し、「自分は敵意を持っていないよ」という意味で使う場合もある。

3 そっぽを向く

人や犬が真正面から急に近づいてきたり、ほかの犬と目が合ったりすると、よく視線をそらすことがある。これは、「敵意はないよ」というメッセージ。犬は正面から視線を注がれること自体を威嚇と感じるので、初対面の犬と接するときは、人間も顔や目線をそらして接すると緊張がやわらぐ。

対立を避けるための「犬の言葉」カーミングシグナル

犬はボディランゲージによってさまざまな会話を行いますが、その中にカーミングシグナルと呼ばれるものがあります。これは、相手との対立を避け、友好的に接するための「犬の言葉」です。

たとえば犬を叱っているときに、犬があくびをしたり、そっぽを向いたりすることがありますが、これは飼い主を甘く見ているからではありません。あくびはカーミングシグナルのひとつで、興奮してきた飼い主に、「落ち着いて！」というメッセージを送っているのです。こうしたメッセージを読み取ることができれば、「興奮しすぎたな。冷静になろう」と、犬に対する接し方を見直すことができます。

とはいえ、カーミングシグナルの難しいところは、それが特別なメッセージを含んでいるのかどうかがなかなか見極められないことです。単に眠くてあくびをしていることもあります。ですから、犬が置かれている状況から見分けなければなりません。これも日々の観察の積み重ねによって、少しずつパターンがわかってくるようになるでしょう。

4 体を背ける

急に横を向いたりするのは、「落ち着いて」というメッセージ。ほかの犬に威嚇されたとき、飼い主に叱られたときなどによく見られる。しつこく遊びを誘う子犬に対しても、子犬の気持ちを落ち着かせるために使うことがある。

5 カーブを描くように歩く

見知らぬ犬とすれ違うとき、2頭の犬がカーブを描きながら歩くのは、「敵意はないよ」というメッセージ。

6 座る

ほかの犬が近づいてきたときに、座ることによって敵意がないことを示す。また、自分が不安なときや、気持ちを落ち着かせたいときにも座ることがある。

7 床や地面のにおいをかぐ

ほかの犬や人が近づいてきて不安を感じているときなどに、相手に対して敵意がないことを示す行動。また、緊張を解きほぐそうとしているときにも、しきりににおいをかぐことがある。

8 自分の鼻をなめる

不安を感じている自分を落ち着かせようとする行動。ほかの犬が近づいてきたときにも、敵意がないことを示したり、緊張をほぐすために使うことがある。顔の毛の色が濃い犬がよく使うカーミングシグナルで、表情の変化だけではわかりにくいため、舌を出してわかりやすいサインを出す。

Friend

犬といい関係を築こう

快適な共同生活のためには信頼関係を築くことが重要

犬と暮らすうえでもっとも大切なのは、十分に愛情を注ぎ、犬と信頼関係を築くことです。とくに室内犬の場合、日々家族と密着した生活を送るわけですから、関係作りはとくに大切です。

信頼関係は、「この人のそばにいると楽しいし、安心だ」という体験から生まれていきます。きちんと食事を与えてくれて、散歩や遊びなどの楽しいことを十分にさせてくれて、危険から守ってくれる…、そんな日々の積み重ねが大事。

飼い主と犬の関係は、人間の親子関係と同じです。力ずくで支配するのではなく、大きな愛情で包んであげましょう。

順位づけをするのは犬同士、オオカミ同士の話

従来は、「飼い主は犬のリーダーにならなければならない」「上下関係をはっきりさせることが大事」などといわれ、服従させることが正しい飼い方であるとされてきました。これは、犬の祖先であるオオカミが、リーダーを頂点とする階級社会を形成していることから普及した考え方でした。

しかし、犬はオオカミから進化した動物ですが、オオカミではありません。そもそも犬が、異種である人間を群れのメンバーと認識すること自体、考えにくいことです。犬は、そのずば抜けた社会性ゆえに異種である人間ともうまく適応し、共存できるのだと考えられます。

犬が順位づけをするのも、あくまで犬同士の話。犬は人をよく観察して、家族のひとりひとりと関係を作ります。「自分にいいことをしてくれる人」の言うことはよく聞きますし、そうじゃなければ聞かない…。言うことを聞く・聞かないは、上下関係の問題ではないのです。

大事なのは主導権・決定権

犬といい関係を築きながら快適に暮らしていくためには、愛犬に楽しみを与えながらも、「主導権は飼い主が握っておく」ことが大事です。

たとえば、犬が遊んでほしいとか散歩に行こうといったアピールをしてきたら、犬ができそうなこと（「スワレ」など）を、飼い主側からリクエストし、それができたら受け入れてあげます。こうすれば、スワレをしたことに対するごほうびとして、犬の要求を叶えてあげたことになります。ただし、これが「お約束」になっては意味がありません。指示する内容を変えたり、ときにはリクエストなしで犬の望みを聞いてあげる日があってもよいでしょう。

こういう接し方をしていると犬は、「どうすれば楽しいことをしてもらえるんだろう？」と自分なりに考えるようになります。こうなればしめたもの。「ほめるしつけ」で、犬はグングン〝おリコウさん〟になっていきます。

犬との生活は、飼い主が主導権を握ることがキーポイント。力ではなく、頭を使ってうまくリードしていこう

主導権を握るってどういうこと？

何で私よりパパの
言うことを聞くの？
いつもお世話している
のは私なのに…

犬が人によって言うことを聞いたり、聞かなかったりというのはよく聞く話。どうしてそんな差が出てしまうのか、柴犬のケンタ君の視点で見てみましょう。

ある日のママとボク

①サークルから出たいので吠えてみた。最初は「静かにしなさい！」って言ってたけど、たくさん吠えたら出してくれた。

まったくもう…

②ママがごはんを食べているので、ボクもほしいなと思ってテーブルに足をかけたら、食べ物をくれた。ラッキー。

③いつもの散歩コースに飽きてきたので、ボクが道を変えてみたら、ママもそのまま着いてきた。これからはボクがコースを決めていいのかな？

犬の気持ち

ママってけっこうボクの望み通り動いてくれるな。これからもこの調子でボクがママをコントロールしていこう。

ある日のパパとボク

①今日はパパがお休みの日。一緒に遊ぼうと思って、新聞を読んでいるパパにじゃれてみたけど、相手にしてくれない。しつこくしたら、部屋から出ていっちゃった。

あ…
スタスタ
ガサ
ガサ

②「散歩に行こうか」とパパから誘ってきた。いつもより広い公園でボール遊びもした。パパとの散歩は、いつもとっても楽しいんだよな。

犬の気持ち

パパはダメなものはダメなんだよなぁ。しょうがないや。でも、また楽しい散歩に連れていってくれるはず。パパの言うことは聞いておいたほうがよさそうだ。

Advice

お母さんは“時間”を武器に

一日中犬と過ごしているお母さんは、つい犬の要求吠えに応えてしまうことも多く、「都合のいい人」になりがち。その点、お父さんは、普段かまってあげられないぶん休日にたっぷり遊んであげて、しかもお母さんより楽しませてくれたりするので、いい印象が残りやすい。でも、だからといってお母さんが不利というわけでもない。一緒にいる時間が長いぶん、絆を深めるチャンスも多いということ。主導権を握ってうまくコミュニケーションをとれば、お父さんよりも愛犬の心をつかめるはず。

column

Think about the theory of leader

「リーダー論」を見直す

これまでオオカミの群れ社会をもとに語られてきた、犬の「リーダー論」。しかし、飼い主がリーダーになる必要がないことは、前ページで述べた通り。これまで「犬のリーダーになるために○○○しよう」といわれてきたことを、いくつかピックアップして検証してみましょう。

従来の考え

オオカミの群れではリーダーが最初に食べるので、**食事は飼い主が先に食べる。**

↓

新常識

オオカミの社会でも、必ずしもリーダーからということはなく、量が少なければ子どもに優先的に与えることもある。リーダーは食事の管理者であり、**食事の順番は関係ない。**

従来の考え

テリトリーの出入りはリーダーが先なので、**玄関などを出るときは、飼い主が先に出る。**

↓

新常識

犬が先に出たからといって関係がくずれるわけではない。ただし、犬が急に飛び出して人にぶつかったり、交通事故にあう危険もあるので、**安全確保のために飼い主が先に出る。**

従来の考え

犬が飼い主と同等だと勘違いするので、**犬と一緒に寝てはいけない。**

↓

新常識

一緒に寝てもＯＫ。ただし、飼い主が一緒じゃないと寝られない犬になると困るので、**ひとりでも寝られるようにする。**また、飼い主の指示でいつでもどいてくれるように、「ドイテ」などの指示を教えることが大事。

従来の考え

リーダーが負けると、犬は自分のほうがエライと勘違いするので、**引っぱりっこ遊びはつねに飼い主が勝つ。**

↓

新常識

犬も毎回負けていてはつまらない。勝率としては6対4で、**飼い主がやや優勢というぐらいがちょうどいい。**

従来の考え

場所の占有権を主張するのはリーダーの証明なので、**犬が通路などで寝ているときは、飼い主は犬をどかして通る。**

↓

新常識

脇を通ってすむことなら、そのまま気持ちよく眠らせてあげるべき。どうしてもじゃまなときは、名前を呼んで起こして。

従来の考え

オオカミの群れでは移動するときリーダーが先頭に立つ。つまり、**散歩時にリードを引っぱる犬はリーダーになろうとしている。**

↓

新常識

若くてエネルギーの余っている犬は、早く前へ進みたくて、あるいは公園などで遊びたくて、リードをグイグイ引っぱる。つまり、彼らはまだ、**「リードを引っぱらずに散歩する」ということを教えられていないだけ。**

Part 3

新しい家族を迎える

犬との出会いと迎える準備

Welcome

子犬を探そう

子犬選びのポイント 1

大型犬か小型犬か

　マンションだと小型犬はＯＫでも大型犬は不可というところも多いが、基本的には屋外で十分に運動させられるなら、大型犬でも家の広さはそれほど問題にならない。ただ大型犬の場合、しつけがうまくいかないと、力が強いぶんトラブルやケガに結びつきやすい。そういう意味では小型犬のほうが初心者向きともいえる。とはいえ小型犬がおとなしいというわけではないので、やはりしつけは必要。

小型犬は比較的神経質な犬が多く、かんだり吠えたりする傾向も強い。運動量は犬種によって差があるが、どの犬も散歩は絶対に必要

大型犬はおっとりした犬が多いが、世話や移動には手間もお金もかかる。病気や老後のケアなどを考えると、女性のひとり暮らしや、車のない家庭には不向き

衝動買いや、流行で選ぶのはやめよう

「ペットショップで目が合って…」と、〝運命〟を感じてその場で購入したり、「テレビのCMがかわいいから」と、あまり深く考えずに流行犬種を飼ってしまうケースは多いものです。

　しかし、犬は生き物です。たとえ〝運命〟を感じたとしても、一度冷静になって考えてみてください。その犬種の特徴を調べ、いいところも悪いところも受け入れられると思ったら、具体的に購入を検討していきましょう。

信頼できるショップやブリーダーを探そう

　子犬の入手先はペットショップやブリーダーが一般的ですが、なかには悪質なところもあり、のちのちトラブルになることがあります。

　子犬の入手先が信頼できるかどうかは、とても重要です。ショップの人やブリーダーに、どんな犬を望んでいるか率直に伝え、わからないことはどんどん質

子犬選びのポイント 2　長毛種か短毛種か

日々の手入れは、やはり短毛種がラク。長毛種は、美しい被毛をキープするため毎日ていねいにブラシをかける必要がある。犬種によっては定期的なトリミングも必要になり、そのぶんお金もかかる。ただし、抜け毛に関しては、毛の長短は関係ない。

柴犬はもちろん、パグのように非常に短い被毛を持つ犬種も、抜け毛は意外と多い

長毛種は、毛玉ができないように、毎日念入りにブラッシングをする必要がある

子犬選びのポイント 3　オスかメスか

メスは陽気で甘えん坊だが、やや気難しい面も。オスは活発で、縄張り意識やライバル意識が強く、ほかの犬に向かっていく攻撃性の強い面もある…。これは一般論としては間違いではないが、当然、個体差がある。また、早いうちからの去勢・避妊手術を前提に飼うのであれば状況も変わる。避妊手術をしない場合、メスは定期的な発情期のケアが必要。

「初心者はメスのほうが飼いやすい」ともいわれるが、要はしつけと相性の問題。傾向としては、男性の飼い主はメス犬と、女性はオス犬とうまくいくケースが多い

問しましょう。いいショップやブリーダーなら、各犬種の特徴と、子犬の個性をふまえたうえで、適切なアドバイスをしてくれるはずです。

大切な家族の一員を選ぶのですから、じっくり時間をかけて探しましょう。

子犬を入手する時期について

生後3週齢から12週齢は犬の社会化期で、この時期は、もっともスムーズに、犬社会のルールや、人間を含めたほかの動物とのつきあい方などを覚えます。この時期にひとりぼっちで過ごすことが多かったり、不適切な扱いを受けたりすると、コミュニケーション能力が未発達なまま育ち、将来的に問題を起こしやすい犬になるといわれています。

ですから、少なくとも子犬は生後7週齢までは母犬や兄弟犬と一緒に過ごさせ、犬同士のつきあい方を学ばせるべきです。子犬を引き取るのは早くても8週齢以降にしましょう。

逆に社会化期をすぎた13週齢以降に引き取る場合ですが、良心的なショップやブリーダーのもとで、人と十分にふれあいながら育った犬なら、遅すぎるということはありません。

子犬選びのポイント 4

純血種かミックス（雑種）か

犬を飼うというと純血種を飼うことをイメージしがちだが、ミックス（いわゆる雑種）を飼うのもひとつの方法。ミックスだからといって訓練性能が劣るなどということはまったくない。飼い主が十分に愛情を注いであげれば、どちらもベストパートナーになり得る。

●純血種の場合

犬種ごとの特徴を理解し、それに応じた生活を提供してあげることが大事。また、純血種の場合、その犬種特有の遺伝病（➡P80）に悩まされることも多い。遺伝病についてしっかりチェックして販売しているショップやブリーダーから購入しよう。

●ミックスの場合

一般家庭で生まれていることが多いので、比較的大きくなるまで母犬や兄弟犬と過ごし、人間ともふれあい、家庭の生活音も耳にしている。したがって、十分に社会化（➡P96）されているケースが多く、新しい家庭にもなじみやすい。デメリットは成犬になったときのサイズがわかりづらいということ。親がわかっていればある程度予測できる。

容姿だけで決めるのは×。犬種の特徴を理解してから入手しよう

最大の魅力は、世界にたった1頭の犬であるということ。つまり超個性的な犬だといえる

Advice

同じ犬種の飼い主さんから情報収集を

ショップなどのプロの意見だけでなく、一般の飼い主さんから得る情報もかなり役立つ。すでに犬種を決めているなら、公園などで同じ犬種を飼っている人に、生活ぶりや金銭面のことなどを聞いてみるといい。ただし、家によって環境も考え方も違うので、すべてを鵜呑みにしないこと。1人だけでなく、できるだけ多くの人から情報を集めよう。

成犬から飼うのもひとつの方法

子犬はとても愛らしく、その成長過程を見るのは楽しいものです。しかし、そのぶん手間もかかります。もし、子犬にこだわらない、多忙で子犬から世話をする時間がとれないというなら、知人や動物愛護団体などから、ある程度しつけのされた成犬を譲り受けて飼うのもおすすめです。

「成犬は、なかなかなつかないのでは」と思う人も多いようですが、それは犬の性格によります。また、飼育放棄など過去につらい経験をしている犬の場合、新しい飼い主がやさしく接するとその喜びはとても大きく、意外に早く新しい環境に溶け込めることも多いようです。

成犬の場合、性格やクセはだいたい決まっているので、はじめからその犬に合った接し方がわかるというのも利点です。ただし、なかには複雑な事情をはらんでいるケースもあり、何かのきっかけで大きな問題行動に発展することもあります。

いずれにしても、信頼できる譲渡先を見つけることが第一。譲渡の際はもちろん、譲り受けたあともいろいろと相談できるところを探しましょう。

子犬の入手方法

●ペットショップで購入する

気軽に行けて、ほかの犬と見比べたり、グッズについても相談にのってもらえるのがメリット。ただし、店によっては、幼いうちに親兄弟と離され、ショップでも１頭ずつケージに入れられ、社会化の機会を失ったまま売られているケースもある。子犬に愛情をかけ、社会化についても配慮しているショップを選びたい。

ショップでは子犬を抱かせてくれるところも多い。一度抱くと情が移ってしまい、衝動飼いしたくなるが、その日はがまん。店員にくわしく話を聞き、ライフスタイルに合うかじっくり考えてから決断しよう

Check! いいショップを見分けるポイント

□犬に関する知識が豊富か

犬種が決まっているなら、その犬の原産国や気質、運動量のことを聞いてみよう。ブリーダーほどではなくても、プロならこれくらいは答えられるはず。

□ライフスタイルに合う犬をすすめてくれるか

家族構成や留守にする時間などを確認したうえで、犬種選びや飼い方のアドバイスをしてくれるところがよい。その際、デメリットや問題点もきちんと説明してくれるところが良心的。ろくに話も聞かずに、やたらとすすめるところは避けたい。

□子犬同士で遊ぶ時間を設けているか

1日のうち何時間かは、プレイルームのような場所で、ほかの犬や店員と遊ぶ時間を設けているところがいい。狭いケージに入れっぱなしだと十分に社会化ができない。

□子犬の居場所が衛生的か

排泄物が放置されていたり、悪臭やケージの汚れがひどい場合は要注意。食事を含めたケア全般が行き届いていない可能性がある。

□生後46日以上の子犬を販売しているか

改正動物愛護管理法で、生後45日を経過しない子犬の販売は禁止されている。犬同士の社会化を十分にさせるためにも、本来は8週齢以降の子犬を迎え入れるのが望ましい。

□子犬を市場から仕入れていないか

犬の競り市場は、抵抗力の弱い月齢の幼い子犬が多く出入りするので、伝染病にかかるリスクも高い。最近は、「市場からは仕入れていません」と明言しているところも増えている。極端に安い場合、どういうルートで子犬を仕入れているのかなど、理由をチェックしよう。

□生命保証制度の内容に問題はないか

病気や死亡に対する保証制度が整っているのは、健康管理に自信がある証拠。ただし、「最後のワクチンが終わるまでは、病気がうつるのでダンボールやケージから出してはいけない」などと言うショップは避ける。これでは、子犬が健全に育たない。健康な子犬で、適切なワクチンプログラムを行っていれば、ケージから出しても問題はない。また、提携外の動物病院の診察を嫌がるところは避ける。

※55～57ページの「子犬の入手方法」については、2013年9月施行の改正動物愛護管理法に基づいています。

●ブリーダーから購入する

特定の犬種を繁殖させているのがブリーダー。その犬種にほれ込んでいるので、知識が豊富で、犬種の特徴や飼育法などをこまかく聞けるのが魅力。その一方、にわか知識しかないまま金儲けのために繁殖しているケースもあるので、その見極めが大事。ブリーダー情報は、愛犬雑誌やインターネット、愛犬団体、ドッグショーなどで入手できる。ブリーダーの場合、年中子犬がいるわけではなく、予約をして出産を待つのが一般的。つねに子犬がいるところは、パピーミル（左ページ下参照）の可能性が高い。

母犬や兄弟犬と一緒に見ることができ、遊んでいる様子などから、その犬の性格を知ることができる。母犬を見れば成犬になったときのサイズなども予測できる

Check! いいブリーダーを見分けるポイント

□ 特定の犬種を長く繁殖している実績があるか

とっかえひっかえ流行犬種を扱っているブリーダーは、犬種の知識がないのはもちろん、子犬や母犬の健康にも十分な配慮をしていないことが多い。また、実績があるのは信頼されている証拠ともいえる。

□ 繁殖している犬種は1～2種類か

何種類もの犬種を抱えて、それぞれ完璧な状態で繁殖させるのは難しい。1～2種類に限定しているところがよい。

□ 施設は清潔か

犬の健康を考えれば当然のことで、見学をさせてくれないところは論外。むしろ「子犬を飼う前に必ず見学に来てください」というところが望ましい。

□ 母犬や繁殖に使われてきた老犬を大切にしているか

良心的なブリーダーは、発情のたびに交配させない。引退後も手元に置いて面倒をみるか、信頼できる里親に譲って、幸せな老後を送れるように配慮している。

□ 問題点も説明してくれるか

その犬の短所や犬を飼うことのデメリットも説明してくれ、その対処法、心構えもアドバイスしてくれるところがよい。

□ 家族構成などをこまかく聞いてくるか

犬に対する愛情が深いブリーダーは、きちんと育ててくれる人に譲りたいと考えるので、生活スタイルをこまかくチェックするもの。場合によってはブリーダーのほうから譲渡を断るケースもある。

□ 子犬たちが人なつっこいか

毎日ブリーダーとコミュニケーションをとったり、兄弟犬や母犬と十分に遊んでいれば、元気で人なつっこい子犬に育つ。

□ 子犬の引き渡し時期が適当か

生後45日を経過していない子犬を引き渡すのは法律違反。

□ アフターケアがしっかりしているか

病気や死亡に対する保証はもちろん、譲渡後も、しつけや食事、健康管理の相談に快く応じてくれるところがよい。

□ 遺伝病について知識があり、配慮しているか

良心的なところなら、遺伝病についてしっかりした知識を持ち、十分に配慮している（➡P80）。

●動物愛護団体から譲り受ける

動物愛護センター（保健所）や民間の愛護団体、個人の保護ボランティアなどを通じて、里親になるという方法もある。ただし、残念ながらすべてが良心的な団体とは限らないので、自分の目でよく確かめて選ぶことが大切。まずは自治体の保健所にあたってみるといいだろう。民間の愛護団体は、タウンページやインターネットなどで調べられる。犬は、何かしら問題のあるコもいれば、しつけのされた穏やかな性格のコもいる。スタッフから話を聞き、自分の目でもよく見て、きちんと面倒を見られそうだったら受け入れよう。愛護団体にいる犬の多くは、前の飼い主に捨てられたなど、一度つらい目にあっているケースも多い。同じ不幸を繰り返さないため、飼い主に対して審査があり、不妊手術を義務づけるのが一般的。

●インターネットで探す

以前はインターネットだけのやりとりでも子犬を購入できたが、病気の犬や希望と違う犬が届くなどのトラブルが多かったため、動物愛護管理法が改正され、現在は対面販売が義務化されている。そのためインターネットで商談はできても、必ず1回は販売者や子犬と対面し、説明を受けてからでないと購入できない。対面販売をしない業者からは購入しないこと。なお、一度でも対面していれば、後で子犬を空輸で受け取ることはできるが、子犬の心身の負担を考えれば避けたいところ。

●知人から譲り受ける

ブリーダー同様、母犬や兄弟犬を一緒に見られるのがメリット。また、ある程度の月齢まで、母犬や兄弟犬、人間の家族と暮らしているので、うまい具合に社会化されているケースも多い。ただし専門的な知識があって繁殖させているわけではないので、遺伝病に対するリスクは大きい。

Key word

パピーミル

パピーミルとは、工場で製品を生産するように子犬を繁殖しているブリーダーのこと。流行の犬種を中心に何種類もの犬種を取り扱っているのが特徴です。犬種についてはにわか知識しかありません。飼育環境も劣悪で、社会化や遺伝病に対する配慮もほとんどされていません。

パピーミルで生まれた子犬たちは、手間ひまをかけていないぶん、安く市場に流されます。しかし、不衛生な環境で社会化もされないまま育ち、遺伝病にかかる確率の高い子犬を安く購入したところで、お得でしょうか？

もちろん子犬の値段は高ければいいというものでもありません。高いなりの理由、安いなりの理由があるはず。それをよく見極めて入手したいものです。

Welcome
いい子犬の見分け方

子犬の**性格**の見分け方

姿勢を低くして手を差しのべたり、声をかけたりして、呼び寄せてみましょう。その反応で子犬の性格をチェックします。

●すぐにかけ寄ってきて、元気にシッポを振り、相手のにおいをかぐ

明るく好奇心旺盛で、社交性もある。ただし、はじめて犬を飼う人は、活発すぎて根をあげてしまうかも。犬と十分に遊んであげられる家庭向き。

●呼びかけに反応しない、隅にうずくまる、吠え続ける

神経質で臆病な性格。あるいはブリーダーや店員に不適切に扱われて人に不信感を抱いている可能性がある。いずれにしても初心者向きとはいえない。また、動きが鈍い場合は、病気の可能性もある。

●ほかの子犬よりも遅れてそばに来て、抱かれてもじっとしている

初心者でも育てやすく、とくに犬と穏やかな生活を望む人に向いている。ただし、寝起きの子犬はみんなおとなしいので、状況をふまえて判断すること。

Advice

別の日にもチェックして

子犬の動きは、環境やその日のコンディションによっても変わるので、できれば別の日にも足を運んでチェックするのがベスト。

初心者には、活発すぎず、臆病すぎない犬がおすすめ

とても元気なコ、臆病なコ、のんびりしているコ…、子犬にもさまざまな性格のコがいます。子犬の性格をはかる簡単な方法として、呼びかけて反応を見る方法があります。呼びかけると一目散にやってくる元気な子犬を気に入ってしまいがちですが、こういうコはとてもやんちゃで、手に余る存在になるかもしれません。はじめて飼うなら、活発すぎず、臆病すぎないコが育てやすいでしょう。

でも、元気すぎる犬もシャイな犬も、それぞれいい面とたいへんな面があります。そこを理解して、ゆっくりつきあっていく心積りがあれば、きっとうまくいくでしょう。

また、健康な子犬は丸みを帯びていて、抱っこしたときに意外とずっしりと感じるものです。毛づやがよく、皮膚にはりがあって、目もイキイキとしています。食欲もポイントです。栄養状態がよく、骨格のバランスがとれていて、やせすぎていない子犬を選びましょう。

健康な子犬を見分けるポイント

目

イキイキとして、澄んでいる。涙や目やに、充血がない。

耳

耳の中がきれいで、異臭や悪臭がない。呼びかけや音への反応が敏感である。

シッポ

シッポがよく動く犬は元気な証拠。ただし、日本犬など犬種によってはあまり激しく振らない犬もいる。

鼻

つややかで、湿り気がある（睡眠中は乾いている）。色のついた鼻水が出ていない。

肛門

締まりがよく、まわりに汚れがない。

口

歯が白く、口臭がない。口腔《こうくう》内や歯茎はきれいなピンク色がよい。

被毛

色つやがよい。毛をかき分けたとき、湿疹《しっしん》や嫌なにおいがしない。

体・四肢

骨格がしっかりしていて、やせていない。歩き方が自然かどうかもチェック。

Key word

血統書

血統書は純血種であることを証明するもので、人の戸籍にあたるもの。名前、性別、生年月日、３〜５代までの先祖犬の血統、コンテスト等の賞歴、繁殖者などが記載されています。

血統の欄を見ると「チャンピオン（CH）」が含まれていることがありますが、めずらしくはありません。繁殖には容姿のいい犬＝チャンピオンが使われることが多いからです。チャンピオンとは、その犬種のスタンダードに近いと認められた犬で、健康面や性格面は考慮されませんから、チャンピオンのコでも遺伝病を持っている可能性はありますし、家庭犬として優秀かどうかは別の話。ただし、いいブリーダーなら、家庭犬としての素質も備えた犬を提供してくれるでしょう。

家庭犬として普通に暮らす限り血統書は不要ですが、ドッグショーに出場したり、交配のときには必要になります。血統書の発行団体はジャパンケネルクラブ（JKC）など、いくつかあります。

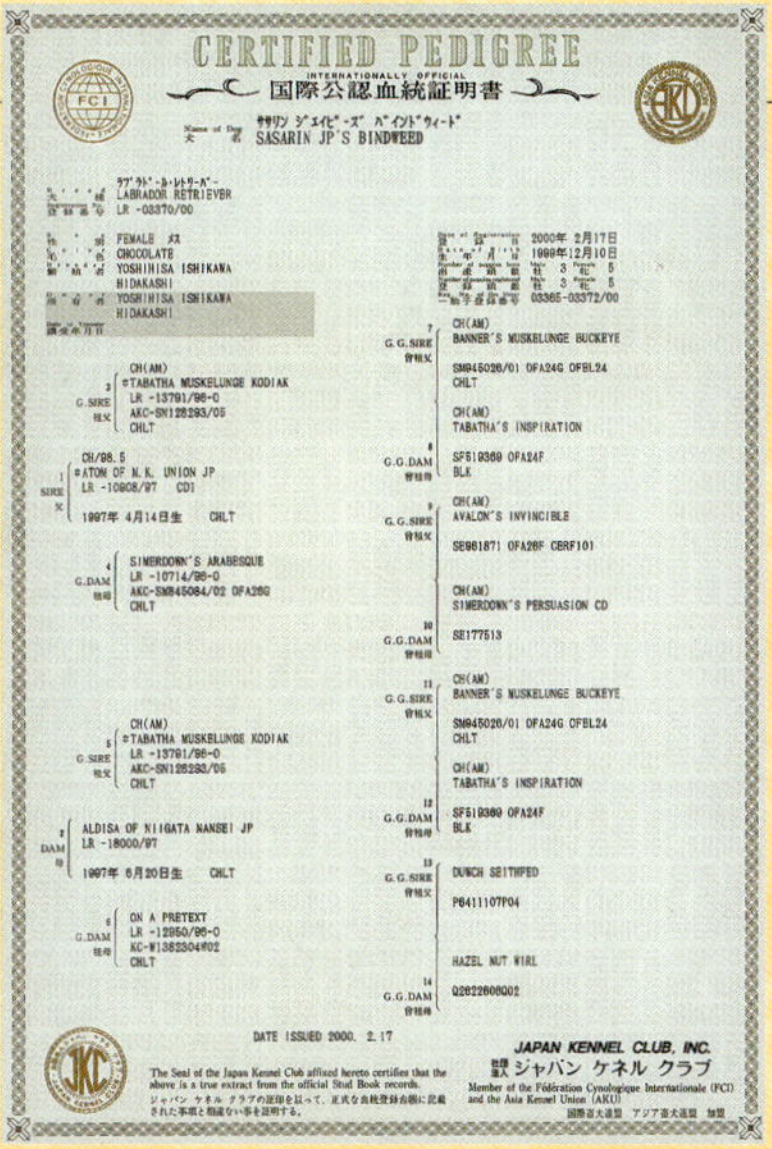
CERTIFIED PEDIGREE
INTERNATIONALLY OFFICIAL
国際公認血統証明書
ｻｻﾘﾝ ｼﾞｪｲﾋﾞｰｽﾞ ﾊﾞｲﾝﾄﾞｳｨｰﾄﾞ
SASARIN JP'S BINDWEED
ﾗﾌﾞﾗﾄﾞｰﾙ･ﾚﾄﾘｰﾊﾞｰ
LABRADOR RETRIEVER
LR -03370/00
FEMALE メス
CHOCOLATE
YOSHIHISA ISHIKAWA
HIDAKASHI
YOSHIHISA ISHIKAWA
HIDAKASHI
2000年 2月17日
1999年12月10日
3 5
3 5
03365-03372/00

1 SIRE 父
CH/98.5
＊ATON OF N.K. UNION JP
LR -10908/97 CD1
1997年 4月14日生 CHLT

3 G.SIRE 祖父
CH(AM)
＊TABATHA MUSKELUNGE KODIAK
LR -13791/96-0
AKC-SN128293/05
CHLT

4 G.DAM 祖母
SIMERDOWN'S ARABESQUE
LR -10714/96-0
AKC-SM845084/02 OFA26G
CHLT

2 DAM 母
ALDISA OF NIIGATA NANSEI JP
LR -18000/97
1997年 6月20日生 CHLT

5 G.SIRE 祖父
CH(AM)
＊TABATHA MUSKELUNGE KODIAK
LR -13791/96-0
AKC-SN128293/05
CHLT

6 G.DAM 祖母
ON A PRETEXT
LR -12950/96-0
KC-W1382304W02
CHLT

7 G.G.SIRE 曽祖父
CH(AM)
BANNER'S MUSKELUNGE BUCKEYE
SM945026/01 OFA24G OFEL24
CHLT

8 G.G.DAM 曽祖母
CH(AM)
TABATHA'S INSPIRATION
SF519369 OFA24F
BLK

9 G.G.SIRE 曽祖父
CH(AM)
AVALON'S INVINCIBLE
SE961871 OFA26F CERF101

10 G.G.DAM 曽祖母
CH(AM)
SIMERDOWN'S PERSUASION CD
SE177513

11 G.G.SIRE 曽祖父
CH(AM)
BANNER'S MUSKELUNGE BUCKEYE
SM945026/01 OFA24G OFEL24
CHLT

12 G.G.DAM 曽祖母
CH(AM)
TABATHA'S INSPIRATION
SF519369 OFA24F
BLK

13 G.G.SIRE 曽祖父
DUNCH SEITHFED
P6411107P04

14 G.G.DAM 曽祖母
HAZEL NUT WIRL
Q2622606Q02

DATE ISSUED 2000. 2.17
The Seal of the Japan Kennel Club affixed hereto certifies that the above is a true extract from the official Stud Book records.
ジャパン ケネル クラブの証印を以って、正式な血統登録台帳に記載された事項と相違ない事を証明する。
JAPAN KENNEL CLUB, INC.
社団法人 ジャパン ケネル クラブ
Member of the Fédération Cynologique Internationale (FCI) and the Asia Kennel Union (AKU)
国際畜犬連盟 アジア畜犬連盟 加盟

子犬はとてもやんちゃ。部屋で走り回ってケガをしたり、イタズラしたりしないよう、しっかり住環境を整えておこう

Welcome 子犬を迎える準備を始めよう

しっかり準備をしてから迎え入れる

家族の一員となる子犬が決まったら、受取日を決め、迎え入れるための準備を始めます。子犬が来てからあわてないように、必要なものをそろえ、住環境を整え、子犬の育て方についてもひと通り勉強しておきましょう。

受取日は家族全員がそろう休日の午前中がベストです。当日の夜は、不安で夜鳴きをする子犬が多いものですが、夜までの時間が長いほうが新しい環境にも慣れやすく、子犬は比較的安心して眠ることができます。

また、子犬を迎えたら1週間程度は誰かが家にいるのが理想。翌日からいきなり子犬に留守番をさせるのはかわいそうですし、早めにトイレを覚えてもらうためにも、それぐらいの時間はほしいところです。

ひとり暮らしや共働きの場合は、なるべく長期で休みが取れる日に迎え入れましょう。最低でも3日間は子犬と一緒に過ごせる日を選んでください。

子犬を迎えるまでに やっておくことリスト

□ 名前を決める

名前は、短くはっきりした発音のほうが犬も覚えやすい。

□ 必要なグッズを用意する

サークル、トイレ、食器（食事用、水飲み用）などは、子犬を迎えたその日から必要。あらかじめ用意しておこう（➡P62）。

□ 子犬のためのスペースを作る

つねに目が届き、子犬自身が落ち着いて過ごせる場所が最適。ハウスとトイレの場所を決めておき、子犬が来たらすぐに連れていけるようにしておく（➡P66）。

□ 家の中の安全対策をする

子犬は目の前のものをすぐに口にくわえたり、かじったりしてしまうので、子犬が飲み込みそうなものや、イタズラされたら困るものは、すべて片づけておく。また、電気コードにカバーをつける、立入禁止の部屋、階段、キッチンなどの危ない場所にはゲートを設置するなどする（➡P66〜69）。

□ 犬への接し方を統一しておく

トレーニングの方法、犬への接し方は家族全員が共通の認識を持つようにしておく。また、子どもには、犬への接し方や、やってはいけないことなどをしっかり教えておこう。

□ 役割分担を確認する

食事、散歩、そうじなどの分担を確認しておく。最初のうちは子犬が体調をくずしたりすることも多いので、健康状態などを継続してチェックする責任者も1人決めておくとよい。

□ ご近所にあいさつする

室内で飼うとはいえ、最初は夜鳴きなどで近所に迷惑をかけることもあるかもしれないので、あらかじめ犬を飼うことを伝えて理解を得ておきたい。近所の人が留守がちで会えないなら、メモやカードをポストに入れておこう。また、今後、犬のことでトラブルを起こさないためには、人間関係を円滑にしておくことが大事。たとえ犬の鳴き声やにおいなどの問題が出てきたとしても、人間関係がうまくいっていれば話し合いもスムーズにでき、解決も早いはず。

□ 動物病院を探しておく

子犬は急に体調をくずしたりすることも多い。万が一のために、緊急や夜中でも行ける動物病院を近所で見つけておくと安心（➡P184）。

□ 子犬の特徴を把握しておく

子犬のクセや性格、食事や排泄の内容、お気に入りのものなどを、ショップの人やブリーダーなどから聞いておく。できれば内容を書いたメモをもらうのがベスト。また、正常なときのウンチを写真にとってもらうといいだろう。しつけや健康管理についてのアドバイスも受けよう。

GOODS 子犬のためのグッズ❶
はじめにそろえるもの

ハウス

子犬の個室兼ベッドとなるもの。クレート（移動用キャリー）にすれば、外出時の持ち運びにもそのまま使えて便利。柵《さく》状のケージを使ってもＯＫ。写真はクレート。

サークル

留守番させるときに子犬を入れたり、トイレのしつけの際に使う。フェンスを組み合わせて広くすることができるため、子犬の成長や用途に合わせて幅広く利用できる。大きくなると子犬がフェンスを飛び越えてしまうので、十分高さのあるものや屋根付きのものを選んでもよい。

Advice
ハウスは“大きすぎないもの”を

犬は本来、巣穴のような狭くて薄暗い場所のほうが落ち着く。また、寝床を汚すことを嫌い、自分の寝床には排泄しない習性がある。広すぎると一部を自分の寝床にして、ハウスの隅をトイレにしてしまうので、広すぎるハウスはNG。中でフセができるぐらいがベストなので、成犬になるまでに1〜2度は買い換えたい。大きいハウスを購入した場合は、箱や板などを入れて広さの調節を。

ペットグッズ購入のコツ

◎まずは本当に必要なものだけ購入する

犬との生活には、いろいろなグッズが必要です。ショップなどでは「子犬のスターターキット」として、あらかじめグッズをセットにした商品をすすめられることがありますが、なかには必要ないものや、サイズが合わないものが含まれている場合も。最初は何かとお金がかかりますから必要最低限のものだけ用意して、徐々に買い足していくほうがよいでしょう。

◎購入先はいろいろ

ペットグッズは、ペットショップ、ペット用品専門の通販雑誌、インターネット、ホームセンターなどで購入できます。ハウスやサークルなどは、同じ商品でも購入先によって、値段に差があるもの。事前にリサーチすれば、かなり安く手に入れられることもあります。

ただし、ホームセンターなどの安売りフードには注意が必要です。いつも食べているフードと同じでも、賞味期限ギリギリだったり、正規の輸入元や販売元ではなかったり、本来空輸で輸送されるべきものが船便で運ばれたためにすでに酸化しているというケースも。フードは愛犬の健康にかかわるものですから、慎重に選びましょう。

Ⓐ

食器

食事用と水飲み用を用意。食器で遊んでしまう子犬もいるので、ステンレス製や陶器製など、適度な重さがあり、安定感のあるものがよい。

おもちゃ

遊びの道具というだけでなく、ストレスの発散やしつけにも役立つ。ボールやぬいぐるみなど家族が一緒に遊ぶための「コミュニケーション用」と、かじったりして遊ぶ「ひとり遊び用」を用意。かじるおもちゃは消耗品なので、多めに用意する。

▼コミュニケーション用

Ⓐ

▼ひとり遊び用

Ⓐ Ⓐ Ⓐ Ⓐ

Ⓐ

トイレ

トイレにはペットシーツを使うのが一般的。シーツがずれてしまうなら固定できるトイレトレーがあると便利。ただし、トレーが小さいと失敗の原因になるので、子犬の倍以上の大きさにすること。

Ⓐ

フード

来た当初は、それまでショップやブリーダーなどで食べていたものを与える。少し分けてもらうか、同じものを購入する。

そのほか初日から用意しておきたいもの

◎そうじグッズ

子犬はそそうや嘔吐《おうと》をしやすいので、すぐに拭けるように古いタオルなどをたくさん用意しておこう。きれいなタオル、ティッシュ、天然成分の住宅用洗剤なども手の届くところに置いておくこと。

◎寝具・保温グッズ

犬が心地よく過ごせるように、ハウスにはやわらかい敷物を敷く。犬用のベッドを用意してもいいが、使い古しの毛布などでもOK。ただしタオルは繊維を飲み込んでしまうこともあるので避ける。また、室温が低いときは、市販のペット用のホットマットなどで寒さをしのいであげて。

Ⓐジョーカー

GOODS 子犬のためのグッズ❷

徐々にそろえていけばよいもの

首輪の種類

◎普通の首輪

右に紹介しているタイプ。基本的にはこのタイプがあればＯＫ。ベルトタイプは装着に時間がかかるので、慣れないうちはワンタッチで装着できるタイプがよい。

◎胴輪（ハーネス）

犬の体に負担をかけない作りなのでどんな犬にも向くが、超小型犬や老犬にはとくにおすすめ。使い方によって引っぱりグセの防止にもなる（➡P147）。

◎ハーフチョーク

通常はゆったりしていて、リードを引くと首回りピッタリになる。抜けにくい構造なので、首の太い犬種にはいい。

◎チョークカラー

リードを引くと首が締まり、その刺激によって注意を促す首輪。正しい使い方をしないと首を締め続けるだけなので、一般の飼い主にはおすすめしない。

首輪・リード

散歩のときはもちろん、トレーニングや子犬の行動管理にも必要。最初は軽い布製かナイロン製がおすすめ。万が一のために、首輪には必ず迷子札をつける。

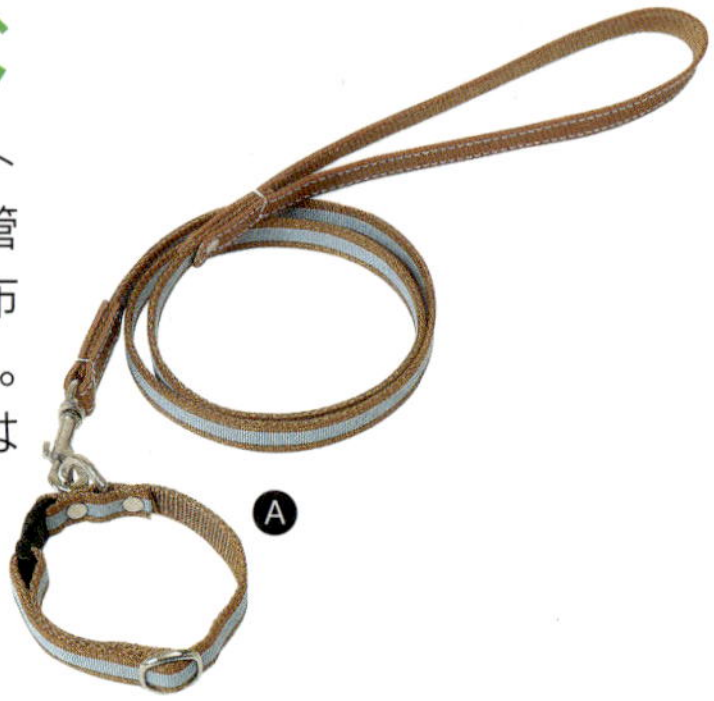

グルーミング用品

ブラッシングや歯みがきなどの体の手入れは飼い主の義務。子犬が家に慣れてきたら、少しずつ始めていこう。なおブラッシングの道具は、被毛のタイプなどで異なるので、ショップなどでよく相談してから購入を（➡P160）。

キャリーバッグ

クレートよりも軽くて小回りがきくので、子犬や小型犬には、おでかけ用にひとつあると便利。

おやつ

基本的にはトレーニングのごほうびとして使う。犬によって好みが違うが、レバーやチーズなどにおいの強いものが好まれる。

室内飼いお役立ちグッズ

Ⓐ

◀ビターアップル（かみつき防止剤）

犬が苦手な苦味成分の入ったしつけグッズ。ダバー（塗る）タイプとスプレータイプがあり、かんでほしくないものに塗っておくか、スプレーして使用（➡P66）。

▶消臭剤

室内飼いの場合、においは悩みのタネのひとつ。においがしみつきやすいハウスやトイレには、まめに消臭剤を吹きかけておこう。そそうのあともすぐに消臭する。

Ⓐ

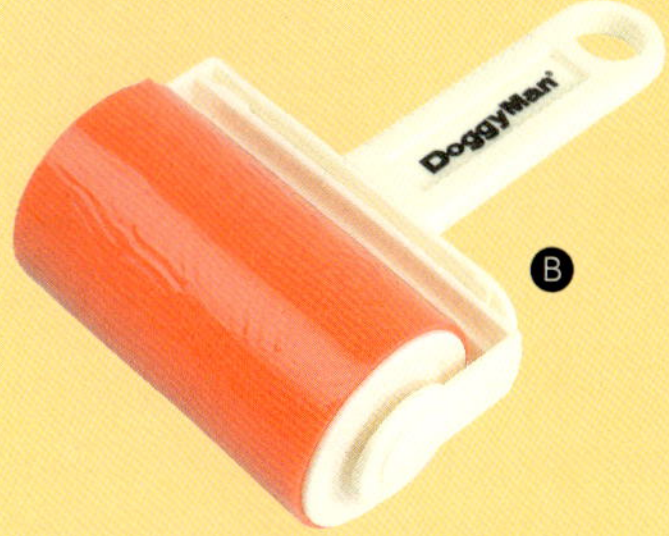

Ⓑ

▲ビューティーローラー

コロコロ転がすだけで、カーペットなどに落ちた被毛をラクラク吸着。やわらかいゴム製なので、デリケートな衣類にも使える。水洗いで繰り返し使えて経済的。

▲タイルマット

フローリングの床に敷いて、滑り止めに。汚れた部分だけはがして洗えるのも便利。

▼赤ちゃんグッズ

子犬の事故・イタズラ防止には、コンセントカバーやドアストッパーなど、人間の赤ちゃん用に市販されているグッズがおすすめ。

Ⓒ

▲オレンジエックス

オレンジの皮から抽出したDリモネンが主成分の天然洗剤。洗浄力、抗菌力、消臭力にすぐれ、ハウスやトイレなどの拭きそうじに使えるだけでなく、犬のシャンプーや耳そうじなどにも使用可能。

Ⓔ

▲ワンだふる清潔トイレ

オシッコを瞬間的に吸収するので、表面はいつもサラサラ。脱臭効果も強力なので、取り替えなしで1週間もつ。とくに長時間留守番させる家庭におすすめ。

Ⓓ

◀ペット用ゲート

台所や階段など、犬の進入を防ぎたいところに設置。玄関への飛び出し防止にも。

Ⓐジョーカー Ⓑドギーマンハヤシ Ⓒオレンジクオリティ Ⓓアイリスオーヤマ Ⓔ花王

Welcome

室内犬のための部屋作り

子犬に限ったことではないが、犬のいる家庭は、部屋に余計なものを置かないのが基本。必要な小物類は子犬が届かないところに置こう。また、部屋はこまめにそうじして、清潔を保つこと

STEP 1 部屋を片づける

輪ゴムやクリップ、アクセサリーなど、子犬が飲み込みそうな小さなものや、タバコ、薬品、洗剤などの危険なものは、別の部屋に移動するか、高い場所に置く。

動かせない家具や電気コードなどにはビターアップルのダバータイプ（➡P65）を塗って、かじられないようにしておこう

子犬が安心して過ごせる部屋を作ろう

子犬はもともと好奇心旺盛で、「何かをかじりたい！」という欲求も強いもの。気になるものはすぐにかじったり、なめたりします。まずは、子犬の目線になって部屋を見渡し、危険なものや、イタズラされて困るものは片づけましょう。

また、室内犬にもハウスが必要です。ハウスは、子犬が眠ったり休んだりする場所で、人間の個室にあたります。子犬がリラックスして過ごせる場所にハウスを設置しましょう。

ハウスは犬にとって安心できる場所になる

STEP 2 出入り禁止の場所に柵を設置する

キッチンや階段など、入ってほしくない場所があるなら、柵を取り付けておくと安心。

市販のペット用ゲートのほか、人間の赤ちゃん用ゲートを使ったり、サークルなどで柵を作ってもＯＫ

STEP 3 安全な床材にする

床がすべりやすいと、足腰を痛めたり、骨格の正常な成長をさまたげる原因になる。一般のフローリングは、表面がコーティングされていてすべりやすいので、すべり止めワックスをかけたり、部分的にカーペットやコルクマットなどを敷くとよい。

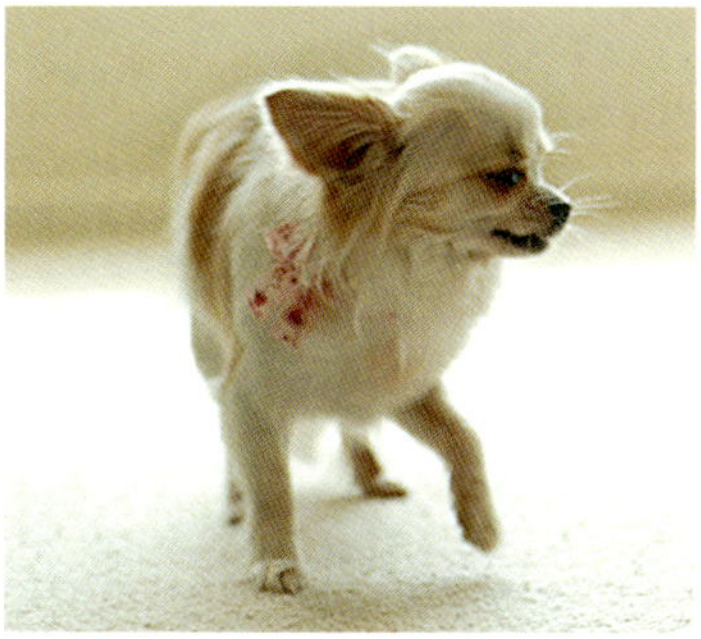

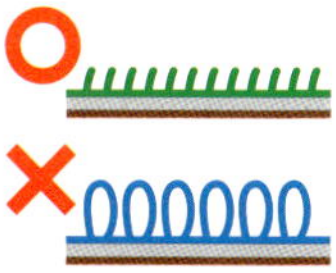

カーペットは形状に注意。ループ状のものや毛足の長いカーペットは爪が引っかかるので×

STEP 4 ハウスとトイレを設置する

ハウスは、日当たり、風通しがよく、家族の目が行き届くリビングの壁際などが最適。人通りの多い入り口近く、エアコンの真下、直射日光の当たる場所は避ける。トイレは、子犬が排泄しそうになったらすぐに連れていけるように、最初はハウスの近くに置く。

◎留守がちな家庭の場合

広めのサークルの中にハウスとトイレ、遊び場を設ける。サークルとハウスを連結させてもＯＫ。フリーで留守番させるのは、しつけができてから（➡P83）。

トイレサークルとハウスは近くに設置。写真のトイレサークルは扉が横についているためハウスと少し離しているが、前に扉がついているタイプなら、サークルとハウスをくっつけてもＯＫ。ハウスの中は、毛布やクッションを敷いて居心地をよくしてあげよう

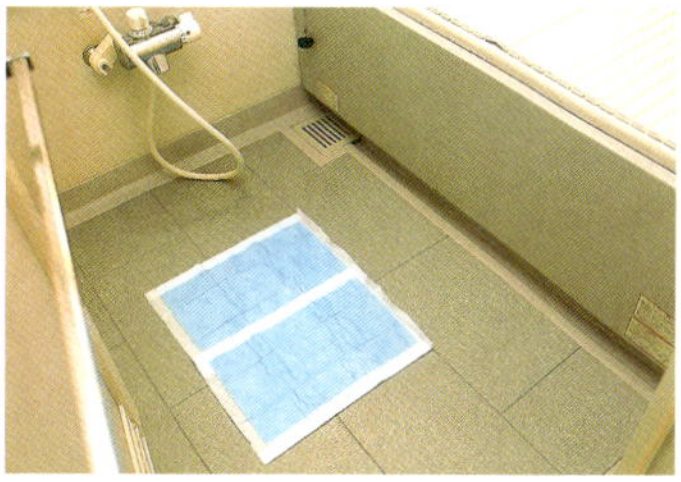

トイレを完全に覚えたら徐々にハウスから遠ざけ、最終的にはサニタリーなど水回りに置けば、においも気にならず、そうじもラク

Advice

室温にも注意

子犬にとって室温管理はとても重要。夏や冬に子犬を迎える場合は、犬用のクールマットやホットマットを用意しておくのもおすすめ。

子犬にとって危険なもの

家の中は子犬にとって危険なものがいっぱいです。以下にあげたものは、①誤飲、②中毒、③感電、④やけど、⑤転落事故、⑥落下物事故などにつながりやいもの。子犬に危険がおよばないよう工夫しましょう。

●電気コード

ちょうど子犬の目線の高さにあるので、かじってしまうことが多い。感電や漏電《ろうでん》事故につながることもあるので、家具の後ろに通したり、コード収納用品やコンセントカバーを使って目立たないように工夫を。

●ドア・玄関・窓

風で急にドアが閉まり、子犬が足やシッポを挟んでしまうことがあるので、ドアストッパーをつけておくのがおすすめ。また、玄関や窓などは、飛び出し防止のために柵を設置するなどの工夫を。

●階段

階段の昇り降りは、転落防止のため、必ず飼い主も一緒に。念のため、すべり止めマットを敷いておくとよい。小型犬や胴長の犬種などは、足腰に負担がかかるので、なるべくなら階段を使わせないのがベター。

●ストーブ、アイロン

誤ってさわるとやけどや火事の原因に。ストーブはサークルで囲う、アイロンがけの際は子犬をハウスに入れるなどの対処を。ホットカーペットの低温やけどにも注意。

●ゴミ箱

ゴミ箱の中には犬にとって有害なものが含まれていることも多い。ゴミ箱はふた付きのものにするか、犬の届かないところに移動を。

誤飲・誤食に注意したいもの

Question Q

異物を飲み込んでしまったら？

何を口にしたか、異物がどこでとどまっているのかなどによって対処法が異なります。とくに洗剤やガラス、ひもなどは、吐かせることでより危険性を増すこともあります。素人判断はせずに、すぐに動物病院へ連絡し、指示を仰いでください。

❶クリップ、アクセサリーなどの小物類

飲み込むと、消化されずに胃に残ったり、内臓を傷つけてしまうこともある。テーブルに置きっぱなしにしていたり、床に落ちていたりすることも多いので、気をつけよう。

❷ティッシュペーパー、紙など

少量ならそのまま便と一緒に排泄されるが、大量に食べたり、少しずつでも毎日食べていると、腸閉塞《ちょうへいそく》になることも。

❸タオル、靴下など

かじるだけなら危険ではないが、誤って飲み込み、ノドに詰まらせてしまうことも。紙類同様、腸閉塞の原因にもなるので注意を。

❹タバコ・灰皿

タバコを食べてしまうと中毒を起こすので危険。また、灰皿をひっくり返して、やけどをしたり、火事の原因になることも。

❺人間用のぬいぐるみ

かみちぎって中の綿を食べたり、目や鼻などのプラスチック部分を飲み込んでしまうことがある。ぬいぐるみは犬専用のものを用意し、飼い主が見ているところで遊ばせよう。

❻小さいボールやおもちゃ

小さいサイズだと飲み込んでしまうことがあるので、大きいサイズのもので遊ばせること。

❼電池、磁石など

電池や磁石を複数飲み込むと、胃と腸がくっついたり、胃に穴を開けてしまうことがある。万一飲み込んでしまった場合は、すぐに獣医師にみてもらうこと。

❽殺虫剤、薬品、化粧品

中毒を起こす危険が高いので、犬の届かない場所へ移動を。また殺虫剤は、犬のいる場所で不用意にまかないこと。

❾観葉植物

誤って口にすると中毒を起こすものもあるので、柵で囲うか、犬が届かない場所へ移動を。植木に置いてある肥料や、植物の種、球根にも中毒を起こすものがある。

❿洗剤

中毒を起こし、命を落とすこともある。容器をかみ切って中身を口にすることもあるので、必ず犬の届かない場所へ移動を。

※食べさせてはいけない食品については88ページ参照

わが家に子犬がやってきた！

子犬を迎える初日は期待に胸がふくらむ一方、子犬とどう接すればいいのか、何をしてあげればいいのか、不安なことも多いもの。もちろん子犬だってはじめての場所は緊張します。初日にやること、気をつけたいことを頭に入れ、万全の態勢で迎えましょう。

お迎え【10：00】

　あらかじめ決めておいた日時に、子犬を迎えにいく。子犬を受け取る前に健康状態や、今後のお世話やしつけのことなどについて説明を受ける。気になることはすべて質問しておこう。

持ちものCheck!

お迎えに持っていくもの

□**ハウス（クレート）やキャリーバッグ**
子犬を入れて帰ってくるため。先方で段ボールなどを用意してくれる場合もある。

□**ビニール袋やタオル、ティッシュ**
子犬の急な排泄や嘔吐などに備えて。

□**ペットシーツ**
帰る途中での排泄に備えて。

□**筆記用具**
ショップなどの説明をメモするため。

引き取り時の確認事項

□**食事について**
ドッグフードのメーカーや食事の量・回数などを聞き、今まで与えていたものを少し分けてもらうか、同じものを購入する。

□**現在の健康状態**
調子の悪いところはないかどうかを確認。普段のウンチの回数や状態なども聞いておく。

□**ワクチン接種などの状況**
混合ワクチン接種の種類と回数、寄生虫検査の状況などを確認。ワクチン接種済みの場合は、接種証明書をもらう。

□**トイレについて**
今までどこで（何の上で）排泄をしていたか？　回数や排泄時の特徴など。子犬が使っていたペットシーツがあればもらってくる。

□**シャンプーについて**
シャンプーをしたことがあれば、その時期やシャンプーのメーカーを聞く。ショップなら同じものを購入するとよい。

□**お気に入りのものなど**
よく遊んでいたおもちゃなど、お気に入りのものを聞いておく。また実際に子犬が使っていたおもちゃやタオルなどを譲ってもらおう。自分のにおいがしみついたものがあれば、子犬も安心できる。

寄り道せずにわが家へ【10：30】

乗り物の中では子犬をクレートや箱に入れ、ヒザの上にしっかり抱える（車の場合は抱っこでも可）。乗り物酔いする犬も多いので、乗車前や途中で食べ物をあげないほうがいい。車の場合は、あまり揺れないように安全運転で。移動中に吐いたり、排泄してしまったら、静かに拭いてあげよう。

わが家に到着。まずはトイレ【11：00】

クレートをそっと床に置き、扉を開ける。子犬が出てきたら、すぐに抱き上げ、トイレへ。排泄できたら「いいコ」と静かな声でほめてあげよう。すぐに排泄しないようなら、サークルの扉を閉め、排泄するまでそのまま入れておく。

ここ、どこ!?

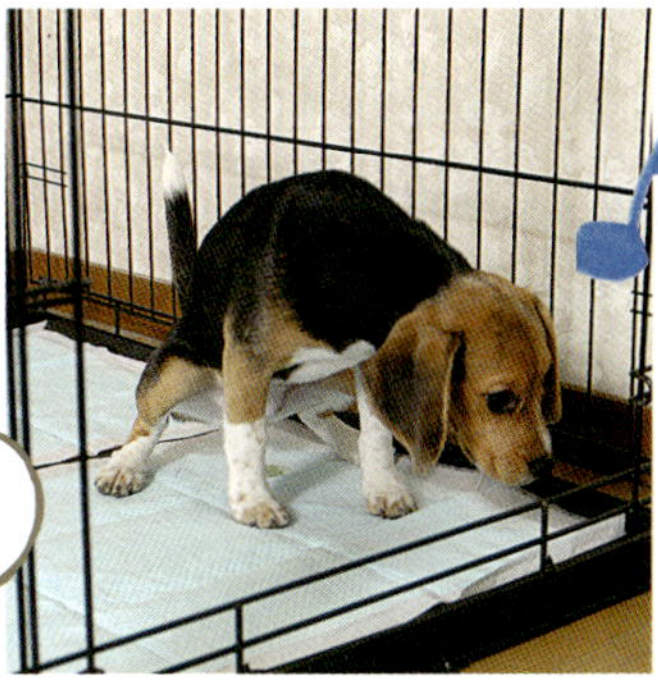

ふ〜

抱っこのしかた

子犬が急に暴れても落としてしまわないように、お尻と胸をしっかり抱える。

●抱き上げるときは座って横から

抱き上げるときは、いったん床に座り、横から子犬を抱き上げる。足先を持ち上げるのは、関節を痛める原因になるので、絶対にしないこと。

Advice

トイレのしつけは初日からスタート

トイレを早く覚えさせるには、最初が肝心。間違った場所で排泄してしまう前に、トイレの場所をしっかり教えてあげよう（➡P84）。

はじめての
においだなぁ

お部屋の探検【11：10】

クンクン

トイレが成功したら、サークルから出して、少し自由にさせてあげる。好奇心旺盛な子犬なら、さっそく部屋のにおいをかぎ、探検を始めるだろう。そのうち家族にじゃれて、遊びを誘ってくるかも。その場合はもちろん相手をしてあげて。一方、その場でじっとしているような臆病なタイプの子犬は、早めにハウスに入れ、しばらくそっとしておいてあげよう。

ハウスで休憩【11：30】

元気な子犬でも20～30分も遊べば疲れてくるもの。子犬が疲れた様子を見せたら、ハウスで休ませる。子犬から目を離すときはハウスの扉を閉める。眠っているときは無理に起こさないこと。

ふ～。
疲れた…

はじめてのごはん【12：00】

最初の食事は、これまで子犬が食べていたものと同じものを、やや少なめに与える。問題なく食べたら、今後少しずつ増やしていく。食べないようなら一度片づけ、時間を置いて再びあげてみる。それでも食べないときは、子犬の購入先や動物病院に相談を。

モグモグ

Advice

初日の探検はハウスのある部屋だけ

初日の探検は家中ではなく、リビングなど子犬の居場所がある部屋だけに。子犬の行動範囲を広げるのは、トイレのしつけができてから。

ハウスから出しているときは必ず監視を

子犬を自由にしているときは、そそうやイタズラ、そして事故防止のため、絶対に目を離さないこと。

生活音などは普段通りでOK

家族の話し声やテレビなどの生活音は、普段通りでＯＫ。ただし、カーテンの開け閉めやそうじ機の音などはけっこう大きいので、少しずつ慣らしていったほうがいい（➡P97）。

ラッキー、
遊ぼう！
なんか
楽しいゾ！

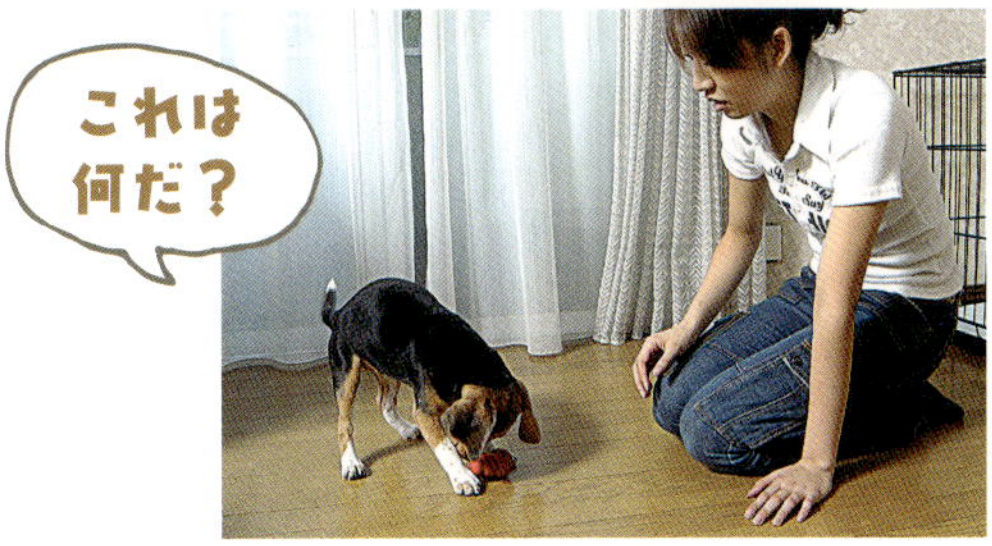
これは
何だ？

子犬のペースに合わせてコミュニケーション【12:30】

子犬の生活は、トイレ→フリー（遊び）→ハウス（休息）というサイクルが基本。これに食事が数回組み込まれる。子犬にパワーがあり余っているようなら、遠慮せずに一緒に遊んでＯＫ。そのほうが子犬も夜ぐっすり眠れて、夜鳴きの心配もなくなる。でも子犬は自分の体力以上に遊んでしまうこともあるので、疲れが見えたらしっかり休ませること。なお、臆病なタイプの子犬も、ごはんが食べられればある程度落ち着いてきたと考えていい。最初はあまり驚かさないように、やさしく体をなでるなどして、少しずつコミュニケーションをとっていこう。

Advice

名前を呼んでみよう

初日から積極的に名前を呼んで、早く自分の名前を覚えてもらおう。繰り返し呼びかけているうちに、だんだん自分のことだと理解していく。ただし、用もないのに名前を連呼したり、子犬が嫌なことをするときに呼びかけるのは逆効果。遊んでいるときや、食事の前などに呼びかけて、名前にいい印象を持たせよう。

おやすみなさい【21:00】

初日からハウスで寝かせるが、夜リビングにひとりぼっちにすると不安で夜鳴きをすることもあるので、ハウスごと寝室に連れていくとよい。人の寝息が聞こえる場所に置き、布をかけて暗くしてあげれば子犬も安心。夜鳴きをした場合は、とにかく無視。かまってしまうと、「鳴けばかまってもらえる」と学習するので×。夜鳴き防止のため、寝る前にたっぷり遊ばせておこう。

Z
Z
Z…
Z
Z…

Key word

ニューオーナーシンドローム

母犬から離れ、新しい環境で暮らすことは、多かれ少なかれ、子犬にとってストレスになります。このストレスが原因で、体の不調を引き起こす病気を、ニューオーナーシンドロームといいます。おもな症状は下痢、嘔吐、食欲不振などですが、症状が続くと、最悪の場合、死亡することもあります。

こうしたことを引き起こさないためには、子犬に安心感を与えることが大切。新しい環境に無理なくなじんでいけるように、適度にコミュニケーションをとりつつ、温かく接してあげましょう。

Welcome 犬の成長と育て方のポイント

母犬・兄弟犬とのふれあいを十分に。犬社会のルールとコミュニケーション法を覚える時期

誕生 ～ 1か月

心と体の成長

- 目も見えず、耳も聞こえない状態で生まれてくる。嗅覚は生まれたときから働いている
- 2週齢頃に目が開き、徐々に視覚、聴覚も発達。よちよち歩きを始める

- 3週齢頃から乳歯が生え始める
- 周囲のものに興味を持ち始め、活発に動くようになる
- コミュニケーション能力が芽生える

★社会化期
生後3週齢～12週齢は「社会化期」と呼ばれ、さまざまなことを無理なく吸収できる時期。おもに犬社会のルールを学びながら、人間を含めた外の世界に順応していく時期になる。この時期の過ごし方が子犬の性格形成に大きな影響を与える。

- 母犬からもらった免疫力が弱まってくる

食事

母乳

- 母乳または犬用代用乳を与える

離乳食（1日4回）

- 乳歯が生え始めたら、離乳食をスタート
離乳食として市販されているものか、子犬用のドライフードを人肌のお湯か犬用ミルクでふやかして与える。慣れるまでは母乳と併用してOK。

健康管理

- 1回目の混合ワクチン接種
（⬇P178）
生後7週をすぎたら、感染症予防のためワクチン接種を。

育て方・しつけのポイント

- 犬社会のルールを学ぶ時期
社会化期前半は、母犬や兄弟犬と十分に遊んだりケンカをしたりしながら、犬社会のルールやボディランゲージを学ぶ時期。子犬同士のじゃれあいを通して、かむときの力の加減なども覚える。この時期に十分に社会化された子犬を迎え入れたい。

犬の年齢換算表

右は、犬の年齢を人の年齢に換算すると何歳になるかの目安です。一般に大型犬より小型犬のほうが成長が早く、小型犬より大型犬のほうが老化は早く訪れます。

	小・中型犬	大型犬
1年	15歳	12歳
2年	24歳	19歳
3年	28歳	26歳
4年	32歳	33歳
5年	36歳	40歳
6年	40歳	47歳
7年	44歳	54歳
8年	48歳	61歳
9年	52歳	68歳
10年	56歳	75歳
11年	60歳	82歳
12年	64歳	89歳
13年	68歳	96歳
14年	72歳	103歳
15年	76歳	110歳

人間社会に順応させ、社会性を養う時期。一緒に遊んだり、十分にスキンシップをとることが大切

2か月

●**子犬を迎え入れてもいい時期**

★**子犬の入手時期**
犬同士の社会化を十分にさせるため、人間社会に迎え入れるのは、7、8週齢以降が望ましい。

●**乳歯が生えそろう**

離乳食／パピーフード（1日3～4回）

●**パピーフードへ移行**
ドライフードを与えている場合は、徐々にふやかす時間を短くし、そのまま食べられるようにしていく。ただし、個体差があるので、様子を見ながらゆっくり慣れさせること。生後3～4か月頃までには硬いまま食べられるようにしたい。

ドライフードをペースト状に　半ペースト状　ドライフードをそのまま

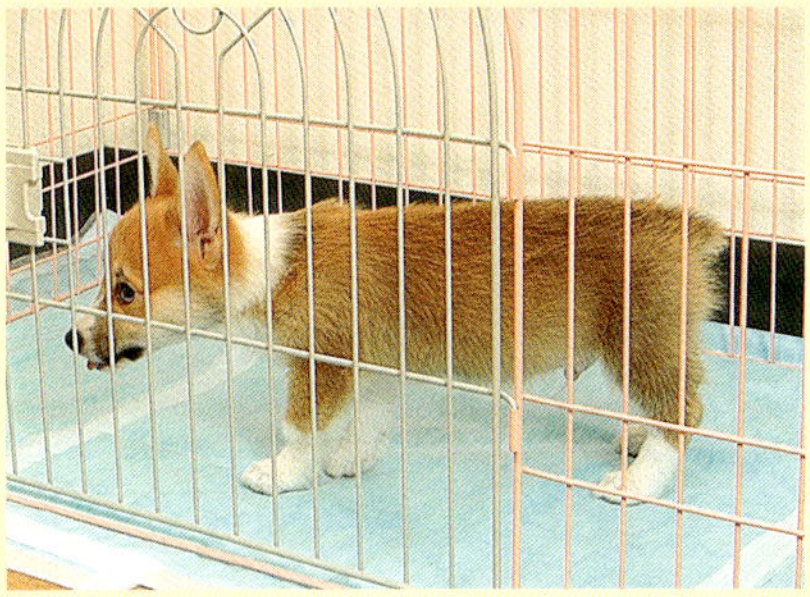

●**動物病院へ連れていく**（⬇P184）
家に来て数日たち、子犬が落ち着いてきたら、動物病院へ。健康診断を行い、ワクチンプログラムを立ててもらう。

●**2回目の混合ワクチン接種**
1回目のワクチン接種からおよそ3～4週間後。3回目を接種する場合は、2回目のワクチンからおよそ1か月後に接種するのが一般的。

●**はじめてのシャンプー**（⬇P164）
新しい環境に十分に慣れたら、シャンプーしてOK。ただし、ワクチン接種の前後3日～1週間くらいは外すこと。なお、子犬が新しい環境に慣れるまでは、汚れていても濡れタオルで拭く程度にとどめる。

●**子犬が来た日から、トイレのしつけを始める**（⬇P84）

●**名前を覚えさせよう**
繰り返し呼びかけているうちに、子犬はそれが自分の名前だと理解するようになる。遊んだり、スキンシップをしているときにやさしく呼びかけて。

●**ハウスに慣らす**（⬇P134）

★**ハウスやサークルで行動をコントロール**
好奇心旺盛な子犬は動き回ってイタズラをしたり、事故を起こしやすいので、危険な場所には近づけない工夫を。子犬を見ていられないときは、ハウスやサークルに入れて（⬇P66、82）。

●**体をさわることに慣らす**（⬇P92）

●**家の中のいろいろなものに慣らす**（⬇P97）

●**首輪やリードに慣らす**（⬇P98）

●**抱っこ散歩を始める**（⬇P98）
まだ外を歩かせることはできないが、社会性を身につけるため抱っこして外に連れ出す。

★**遊びを通じて信頼関係を築こう**
この時期は飼い主と一緒に遊んだり十分にコミュニケーションをとって、信頼関係を築くことが大事。「スワレ」などの指示語を教えるのは遊びの延長で行う程度で十分。

個性が確立されてくる時期。そして、いよいよ散歩デビュー！子犬の世界が一気に広がる

3か月　4か月　5か月

心と体の成長

3か月

●乳歯が少しずつ抜け始める

★法律で義務づけられている畜犬登録と狂犬病予防接種

生後90日をすぎたら狂犬病の予防接種を受け、その「注射済証明書」を持って、30日以内に市区町村役場か保健所で畜犬登録の手続きをする。登録料は3000円（東京都の場合）。畜犬登録は生涯1回だけ。犬が死んだときや、飼い主が変わったときは廃犬届を出し、登録を抹消する。狂犬病予防接種は毎年1回行う。畜犬登録をすれば、以後、狂犬病予防接種の案内通知が送られてくるようになる。

4か月

●どんどん成長し、動きも活発に

★激しい運動はまだダメ！

まだ骨格ができていないので、ダッシュさせたり、高いところからジャンプさせるなど激しい運動は×。

5か月

●恐怖心が芽生えてくる

4か月くらいまでは好奇心が勝っているが、このころになると知らない音や物、感触、人や犬などに対して警戒心が強くなってくる。怖がったり警戒したりするものには無理に近づけず、これまでより慎重に慣らしていくこと。

食事

3か月：離乳食／パピーフード（1日3～4回）

4か月～5か月：パピーフード（1日3回）

●成長期なので、栄養価の高い子犬用のフードを与える

★成長が終わるまでダイエットをしないこと

子犬や幼犬のうちはダイエットをしたり、サイズを小さくするために少なめの食事にするなどは厳禁。成長期は少し太り気味に育てても問題はない。

健康管理

●月1回の健康診断を習慣に

子犬は体調をくずしやすく、骨もやわらかいので骨折もしやすい。成長期が終わるまでは、月に1回は健康診断を受けさせたい。

●散歩後はブラッシング&体のチェックを

散歩を始めると被毛や足の裏が汚れがちに。ノミ・ダニが付着したり、目にホコリが入ったり、足裏にトゲが刺さったりすることもあるので、散歩後はブラッシングと足拭き、体のチェックを習慣にしよう。

●狂犬病予防接種（⬇P179）

予防接種の時期は、獣医師と相談のうえ決める。

●フィラリア症の予防をスタート（⬇P179）

蚊が発生する春から秋にかけてはフィラリア症感染の可能性が高いため、毎年、動物病院で予防薬を処方してもらう。

育て方・しつけのポイント

●体の手入れに慣らす（⬇P158）

●散歩デビュー（⬇P102）

ワクチンプログラムが終了したら、お散歩解禁！

●あまがみの対策を講じる（⬇P106）

じゃれて人の手をかんだり、目の前のものをかじって遊ぶのは子犬には自然なことだが、人間社会では困ること。子犬のうちにかんでいいものといけないものの区別を教えよう。

●「スワレ」「マテ」などを教える（⬇P122）

●吠えグセの対策を講じる（⬇P99）

5～6か月頃になると、自分の縄張りを守ろうとして吠えたりする。インターホンの音に反応して吠えるようになる犬も多いので、あらかじめ対策を。

人間でいえば思春期。男のコらしさ、女のコらしさがあらわれてくる。体型は成犬並みに

6か月　8か月　10か月

●永久歯がそろそろ生えそろう

●体つきがしっかりしてくる
ただし、骨はやわらかいので、高いところからの飛び降りや激しい運動は避ける。

●メスは最初の発情を迎え、オスは生殖能力を身につける（⬇P188）
個体差があるが、生後6～12か月頃に性成熟を迎える。オスには発情期はないが、性成熟を迎えたのちは、いつでも繁殖可能な状態となる。

●オス犬にマーキング行動が見られるようになる
散歩中に電柱などの各ポイントに少しずつオシッコをかけて自分のにおいを残すことをマーキングという。これは犬の縄張り行動のひとつ。一般に性成熟を迎えたオス犬は縄張り意識のほか、犬同士の順位意識が強くなり、攻撃的な態度をとるようになることもある。

★足を上げないでオシッコをするオス犬もいる
オス犬でも服従心の強い犬や怖がりの犬、早くに去勢した犬は、お尻を落としてオシッコする。また、メスでも片足を上げてオシッコをする犬もいる。

パピーフード（1日2～3回）

●食べる量が安定してくる
犬種にもよるが、子犬の食事の必要量は6か月頃（超小型犬は4～5か月頃）がピーク。成長は続いていても、徐々に食事量は減っていく。食いつきが悪くなったと思って嗜好性の高いフードを与えると肥満になったり、選り好みをするようになることも。

パピーフード／成犬用フード（1日2～3回）

●成犬並みの大きさになったら、成犬用フードに
具体的には体重の増加が止まったころが切替時期の目安。成長のおそい大型犬は1歳をすぎるまでパピー用でいい場合も。個体差があるので、獣医師などのアドバイスを受けるのがベスト。

★フードは急に変えない
急に変えると、下痢や嘔吐を引き起こすことも。最初は新しいものを1～2割混ぜて与え、便や食欲の調子に問題なければ、徐々に新しいフードの割合を増やし、1週間～10日を目安に完全に切り替えるようにする。

●去勢・避妊手術をするなら性成熟を迎える前に（⬇P190）

●ケガや骨折に注意
体が大きくなってきても、まだまだやんちゃ盛りのこの時期。勢い余って転倒したり、階段から落ちたり、遊んでいるうちに切り傷や擦り傷を作ってしまうことも。十分に注意すること。

●まだ乳歯が残っている場合は、獣医師に相談を
乳歯が残ったまま永久歯が生えると、歯並びが悪くなり、アゴの発達に支障をきたすことがある。10か月ぐらいになっても乳歯が残っている場合は、動物病院へ。場合によっては手術で抜歯する必要がある。

●散歩に軽い運動を取り入れる
6か月頃からは、速歩きや軽いジョギング程度の運動を取り入れていく。犬がもっとも活発な時期なので、ボール遊びなどの自由運動も十分に。

●反抗的な態度をとることも
「7か月の悪魔」という言葉があり、この時期犬が言うことを聞かなくなったり、これまでできていたことができなくなったり、まるで反抗期のような態度をとることも。たいていは一時的なものなので、あせったり、不安になることはない。飼い主は今まで通りルールを守り、毅然とした態度を貫いていれば、じきに元に戻る。

●マーキングの対策を講じる（⬇P147）
マーキングは犬の本能のひとつだが、公衆衛生上問題があるので、むやみにさせないように。

●指示語を日常生活にいかしていく
「スワレ」「マテ」などの指示語を覚えてきたら、玄関を出るときや信号待ちのときなど、さまざまなシーンで使おう。

心も体も大人に。2～3歳をすぎれば落ち着きも出てくる。愛犬と暮らす楽しみがさらに広がる時期

1歳　**2歳**　**6歳**

心と体の成長

●骨格がしっかりし、成犬なみの大きさになる

小型犬は10か月齢～1歳頃には成犬なみの大きさに。大型犬の場合は1歳半～2歳頃まで成長が続く。この時期は、体つきは大人でも、まだ精神的には幼い面が残っている。

★ドッグスポーツに挑戦するなら

骨格がしっかりしてきたら、アジリティやディスクなどのドッグスポーツに挑戦してみてもいい。ただし、股関節や肘関節、頚椎などの検査を行い、骨格に異常がないことを確認してからにすること。また、犬に無理な挑戦をさせて体を壊してしまうケースもあるので、きちんと健康管理をしながら行うこと。

●性格がよりはっきりあらわれる

犬種ごとの気質、親犬から受け継いだ性格にくわえ、これまでの育て方・環境によって性格がほぼ完成。犬の性格や好きなもの・苦手なものなどを把握して、つきあっていくことが大事。

●精神的にも大人になる

2～3歳になると落ち着きが出て、子犬のころのようなイタズラはなくなり、運動量も徐々に減る。でも、個体差も大きい。

食事

成犬用フード（1日2回）

★食事は1日1回？ 2回？

犬はある程度食いだめができるため、従来は1日1回が普通だった。しかし、成犬であっても食事の回数が少ないと胃腸への負担が大きく、また空腹時間が長いと、胃液や胆汁を戻しやすくなることも。成犬でも食事の回数は1日2回が基本。

●1日の必要カロリー量を守る

成犬になり運動量が落ちてくると太りやすくなる。「ちょっとくらいなら…」という気持ちが肥満犬を作ってしまう。

健康管理

●成犬は年1回の健康診断を習慣に

体もできあがり、子犬のころほど病気やケガの心配もなくなってくるが、年に1回は動物病院で健康診断を受けよう。

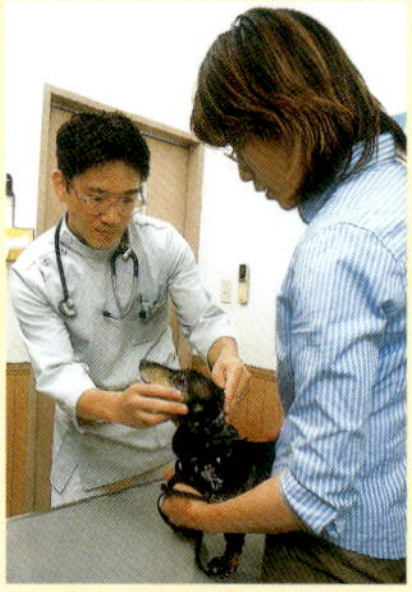

●狂犬病ワクチン、混合ワクチンは年1回接種する

●フィラリア、ノミ・ダニ予防も継続

●肥満傾向の犬はダイエットを

犬にとっても肥満は万病のもと。適切な食事と適度な運動で、太らせないように。肥満傾向が見られたら獣医師に相談して、無理のないダイエットを。

★肥満のチェック方法

犬種別の標準体重はあくまでも目安。実際に体を見て、さわって確かめよう。肋骨のあたりをさわって骨がわかる程度なら大丈夫。また、上から見てウエストにくびれがあればOK。

育て方・しつけのポイント

●社会化やしつけは一生続ける

人間社会に慣れ、ある程度しつけもできてくると、社会化やしつけに対する関心もうすれがち。しかし、どちらも継続しないと、身につけたことが失われることも。社会化やしつけは生涯にわたって行う。

●マンネリに注意

のんびり楽しむ散歩、自由運動など、変化をつけて、楽しい時間を演出してあげよう。さらに、カフェやドッグラン、旅行など、いろいろなシーンで愛犬との楽しみを満喫したい。

犬の老化は7歳前後から。でも犬によってはまだまだ元気。それぞれ適切なケアを心がけて

7歳 → 13歳

●老化が始まるころ

個体差が大きいが、だいたい7歳前後から徐々に老化現象が見られるようになる。

〈おもな老化現象〉

・動きが鈍くなる
・視覚、聴覚が衰える
※嗅覚はあまり衰えない
・白髪が混ざる
・消化器や歯が弱くなる
・皮膚のはりがなくなる
・骨の弾力性がなくなる
・免疫力が低下する
・反応が鈍くなる
・家族が帰っても玄関でお出迎えしなくなる
・よく寝る
・記憶力が劣る
・無関心になる
・感情の起伏がゆるやかになる
・頑固になったり、甘えん坊になる犬も
・環境の変化が大きなストレスになる

★犬にもバリアフリー空間を

フローリングにカーペットを敷いたり、段差をなくすなど、老犬が過ごしやすい空間に。また、視力が低下すると、これまでの経験を頼りに行動するので、ハウスや水入れ食器の場所、家具の位置などを変えると混乱の元。ぶつかってケガをすることもあるので、極力模様替えはしない。

●13歳をすぎたら痴呆が出ることも

具体的な症状は、夜鳴きや徘徊、狭いところに入って出られなくなる、何度も食事をほしがる、飼い主の顔を忘れるなど。

老犬用フード（1日2～3回）

●老犬用フードへ移行

胃腸の消化機能がしだいに衰え、運動量が減り代謝も落ちてくるので、消化がよく高タンパク低カロリーの老犬用フードを与えるのがベター。成犬用フードを与える場合は、肥満を予防するため、量を少なめに。

●歯やアゴの状態、食欲をみて、与え方に工夫を

歯が抜けたり、アゴが弱くなってきたら、ドライフードはお湯でふやかして与える。食欲がないようだったら、少量ずつ分けて、食事の回数を多くする。

★食欲のムラはあまり気にしなくてOK

老犬になれば普通の現象なので、食欲が多少落ちたくらいではそれほど神経質になる必要はない。ただし急激な食欲減退は病気の可能性もあるので動物病院へ。

●健康診断は半年に1回に

年をとると免疫力が弱くなり、感染症や老犬特有の病気にかかる犬も増えるので、健康診断の回数を増やしたい。

●温度管理に気を配る

体温を調節する機能が低下するので、エアコンの温度はまめに調整を。若いころよりやや高めの室温が老犬には適温。自分で暖かい場所、涼しい場所へ移動できるように、可能な限り居住空間を広くしてあげよう。

●寝床を快適な空間に

1日の大半を眠って過ごすことが多くなるので、寝床はいつも清潔に。敷いてある毛布やマットは、まめに洗濯や天日干しをして雑菌が繁殖しないように気をつける。必要に応じてホット（またはクール）マットなどの用意も。また、さみしさや不安感を増幅させないよう、十分にスキンシップをとったり、話しかけることを忘れずに。

●散歩は続ける

外の刺激にふれることは老化を遅らせることに役立つので、運動欲求が減退してもできるだけ散歩は続ける。散歩のペース、時間は犬の体力に合わせ、無理のない程度に。歩くことが難しくなっても、抱っこ散歩や日光浴で、外の空気や土にふれさせる。

●積極的に頭を使わせる工夫を

老犬になったら体をフルに使う遊びやトレーニングよりも、犬用の知育玩具（コング、バスターキューブなど）で遊ばせたり、新しい遊びや芸を教えて、頭を使わせよう。「スワレ」や「フセ」などすでに身についている指示語も積極的に活用を。脳が活性化することは、老化や痴呆の進行を遅らせることにつながる。嗅覚はあまり衰えないので、においを頼りにごほうびを探す宝探しなどもおすすめ。

●できないことがあっても叱らない

「マテ」が続かない、呼んでもすぐに来ない、そそうするなど、以前できていたことができなくなることも。これは老化による体力の衰えと、集中力や記憶力の低下などが原因。無理な要求をしないで、温かく見守って。

column

A canine hereditary disease

犬の遺伝性疾患

近年、純血種の犬が増加するにつれ、遺伝性疾患について語られることが多くなりました。飼い主として、正しい知識と取り組み方を知っておきましょう。

安易な繁殖で遺伝性疾患が受け継がれる

もともとどの犬種にも遺伝的にかかりやすい病気というのはあります。代表的なのは、レトリーバー種などの股関節形成不全でしょう。この疾患は歩き方に異常があらわれ、最悪の場合は歩くこともままならなくなります。症状に差はありますが、日本のレトリーバー種の半数近くがこの病気のキャリア（遺伝子を持っている）ともいわれます。

キャバリア・キング・チャールズ・スパニエルの僧帽弁閉鎖不全《そうぼうべんへいさふぜん》（心臓病）も非常に発生率の高い遺伝性疾患です。この疾患は、小型犬の老犬病としては比較的ポピュラーですが、キャバリアの場合、3～5歳頃という非常に早い段階で発症するため、結果として短命に終わるケースも少なくありません。

本来、遺伝性疾患を持つ犬は繁殖に用いないのが原則です。しかし、パピーミル（➡P57）のような利益重視の繁殖や、知識のない素人繁殖により、遺伝性疾患に苦しむ犬が増えています。

子犬を迎える場合は、遺伝性疾患について真面目に取り組んでいるブリーダーやショップを選ぶことが大切。親犬が遺伝性疾患を発症していないからといって、その子犬が疾患の要素を受け継いでいないとは限りません。よいブリーダーなら、何代にもわたって血統を調べたり、積極的に検査を行うなど、最大限の努力をしています。無頓着に繁殖を行うブリーダーに比べればはるかに発症のリスクは小さくなります。

飼い主としても遺伝性疾患について知識を身につけ、よいブリーダーやショップを見極められるようにしておきましょう。

愛犬に遺伝性疾患があったら？

愛犬がかかりやすい病気については飼い主も勉強しておき、日頃の健康チェック（➡P180）や、定期的な健康診断で早期発見を心がけるようにしましょう。

遺伝性疾患と診断されても、その後、適切な治療や生活管理を行えば進行を遅らせることができ、愛犬にも必要以上に苦しみを与えずにすみます。病気によっては運動制限が必要になりますが、その場合は、運動以外で愛犬が楽しめることをたくさん見つけてあげてください。

●日本動物遺伝病ネットワーク

国内の獣医師によって設立された団体で、遺伝性疾患の減少を目的に、主要な遺伝性疾患の診断、遺伝性疾患に関するさまざまな情報提供などを行っています。ホームページでは、日本の遺伝性疾患の現状について もくわしく説明しているので、ぜひ参照してみてください。　ホームページ　http://www.jahd.org/

Part 4

子犬との生活が始まった！

生活マナーと社会化レッスン

子犬の家での過ごし方

Life

誰かが子犬を見ていられる場合

家族の誰かがつねに子犬を見ていられるなら、部屋の中でフリーにしてOK。ただし、安全対策をしっかり行い、絶対に子犬から目を離さないこと。

トイレ

ハウスとトイレは別々に用意。トイレは、ハウスの横など、すぐに連れていける場所に置くとよい。

寝床（ハウス）

基本的にはハウスの扉は開けておき、子犬が自由に出入りできるようにしておく。

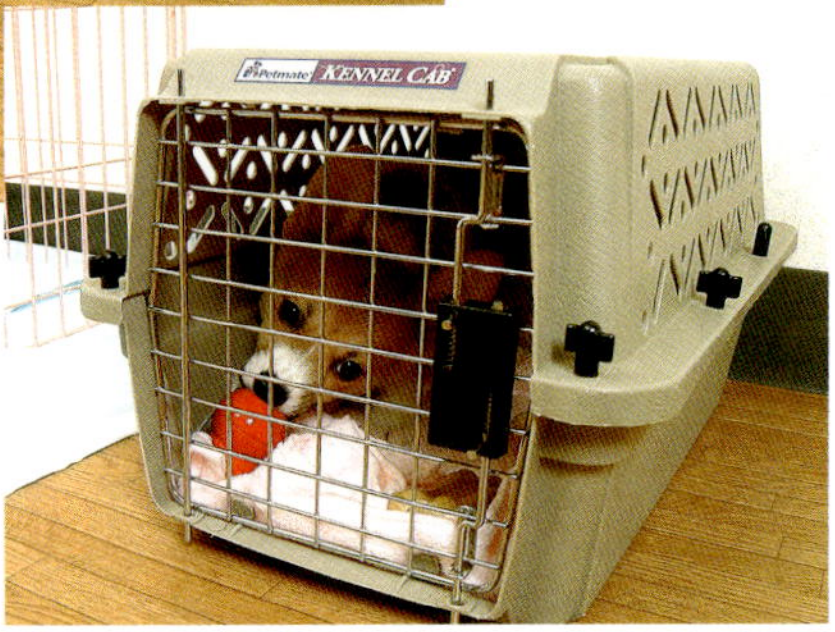

目を離すときは、短時間でも子犬をハウスに入れ、扉を閉める。ハウスの中には、子犬が退屈しないようにかじるおもちゃを入れておく。

よく遊んで、よく眠る…。それが子犬の1日

子犬は起きている間は遊びたくてウズウズしています。新しい家に慣れてくれば、人にもちょっかいを出して、「遊ぼう！」と誘ってくるでしょう。もちろん存分に遊んであげて。ただし、子犬はとても元気な反面、すぐに疲れてしまいます。疲れきったり、飽きたりする前に遊びを切り上げることが、健康面でもしつけの面でも重要です。

また、子犬は昼間でもよく眠りますが、すぐに起きます。遊び疲れて眠っても1〜2時間もすれば目覚め、寝起きはたいてい排泄タイム。排泄したらまた遊んで、また眠る…。基本的には、このサイクルで1日を過ごします。

イタズラと事故防止のため、子犬の行動管理を

室内で子犬を飼う場合、イタズラやそそうについては、ある程度覚悟もしておきましょう。でも、できることなら、部屋をきれいに保ちたいもの。そのために

留守番させる場合

留守番させるときや、在宅中でもほとんど子犬を見ていられないときは、広めのサークルに子犬を入れて行動を管理する。帰宅後は右ページのように、トイレとハウスを分けたほうが、早くトイレを覚えられる。なお、排泄をがまんできる短時間の留守番なら、ハウスの中でもOK。ただし、かじるおもちゃを与え、退屈させないように。

サークルで囲う

留守番時間が長い場合は、ある程度の広さがないと子犬にとって大きなストレスに。小型犬でも4面サークルを2つつなげたくらいの広さを用意する。

寝床（ハウス）

扉は動くと危ないので、柵に固定するか、取り外す。

トイレ

犬は本来、寝床とは離れた場所で排泄したいので、トイレはなるべくハウスから遠い場所に置く。まだトイレを完璧に覚えていない場合は、写真のようにサークルの全面にトイレシーツを敷いておき、「トイレシーツの上で排泄する」ということを徹底させる（➡P86）。

遊び場

動き回れる広さが必要。退屈しないように、かじるおもちゃを置いておく。

新鮮な水

はイタズラしそうなものは片づけ、子犬を自由にさせるときは目を離さないことが大切。目を離すときは、たとえ数分でもハウスに入れます。これは、子犬を事故やケガから守るという意味でも重要です。急な来客や電話などの場合は、子犬を抱いて対応してもよいでしょう。

また、遊びや運動で、子犬のエネルギーを十分に発散させることも大事。一緒に遊べないときは、かじるおもちゃなどを与えてください。身近に夢中になるものがあれば、わざわざほかのものには手を出さないはずです（⬇P106）。

しつけをすることで、子犬は自由になれる

子犬が家に来た当初は監視が必要ですが、トイレを覚え、「かじっていいもの・よくないもの」などの区別がついてくれば、留守番のときも部屋の中で自由にさせることができます。ただし、万が一の事故防止のため、安全対策は万全にしましょう。

なお、子犬に自由を与えた場合でもハウスは残しておきます。ハウスは、子犬のプライベートルームであり、いざというときの避難場所でもあります。自由に出入りできるよう、扉を開けたまま置いておきましょう。

Life

トイレを教えよう

トイレ・トレーニングの方法

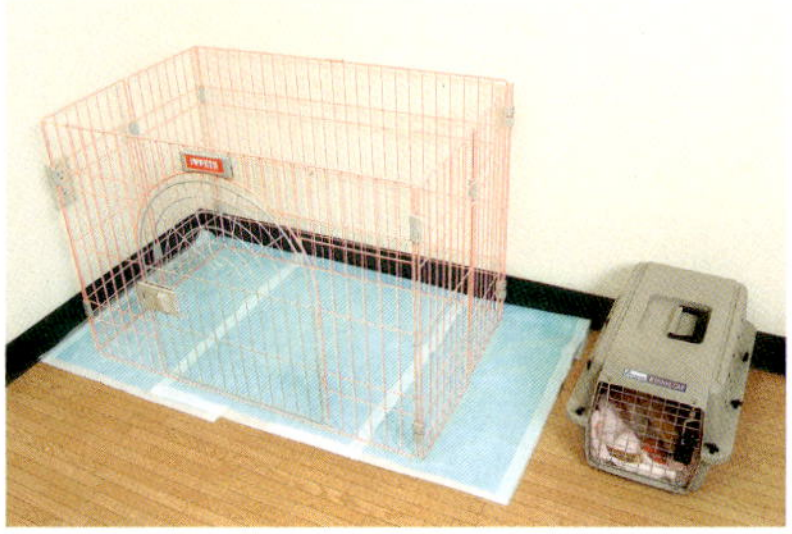

1 ハウスの近くにトイレを設置。最初はトイレをサークルで囲い、全面にペットシーツを敷く。

2 ハウスから出したときや、犬が排泄のサインを見せたらトイレへ。子犬が自分でトイレに入るときと同じ状況にするため、扉からの出入りが原則。上からは×。トイレに入れたら扉を閉める。

子犬の排泄のタイミングとサイン

- ●目が覚めたとき　●食事のあと
- ●水を飲んだあと　●遊んで興奮したあと
- ●床のにおいをかいで落ち着かない様子のとき
- ●その場をクルクル回るようなしぐさを見せたとき

失敗させないことがトイレを覚える早道

室内犬を飼うときに、まず覚えてもらいたいのがトイレです。トイレを覚えてくれれば、飼い主の負担は軽減され、気持ちもラクになるでしょう。

トイレを早く覚えさせるコツは、子犬がそそうする機会をなるべく作らないこと。そのためには、飼い主がタイミングを見計らって子犬をトイレへ導いてあげる必要があります。

子犬の排泄間隔は、一般に「月齢＋1時間」といわれますが、これはほとんど体を動かしていない状態での話。体を動かせばもっと頻繁にしたくなります。遊んでいるときには10分、15分という短い間隔で排泄する場合もあります。

トイレを覚える早さは、子犬の能力よりも、飼い主の教え方や家に来るまでのトイレ環境などに左右されます。うまくいかないなら、教え方やトイレの大きさに問題があるのかもしれません。87ページを参考にトレーニング内容を見直してみましょう。

Advice

◎かけ声で排泄をコントロール

排泄中に「トイレ、トイレ」と声をかけるのは、決まったかけ声で排泄できるようにするため。かけ声で排泄できると、ドライブの休憩中や、動物病院での診察前など、オシッコをさせたいタイミングでできるので便利。かけ声は何でもOK。

◎排泄しないなら、ハウスに入れて仕切り直し

30分くらい待っても排泄しないなら一度ハウスに入れ、15分後に再びトイレへ。排泄するまで遊びやフリータイムはなし。

◎覚えてきたら、扉を開けっぱなしに

子犬が自分からトイレサークルのほうへ向かうようになったら覚えてきた証拠。トイレに自由に出入りできるよう、サークルの扉を開けておこう。完全に覚えたらサークルは外してOK。

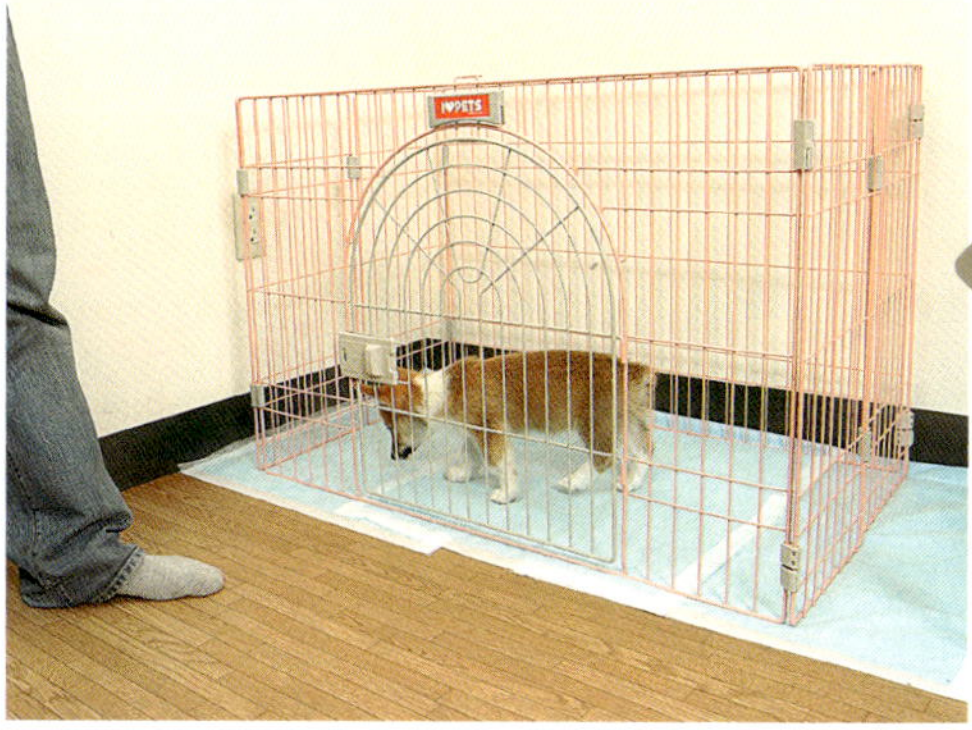

3 排泄するまでそっとしておき、排泄し始めたら、「トイレ、トイレ」など、やさしく声をかける。

4 排泄したら、その場ですぐ「いいコ」とほめ、ごほうびをあげる。「排泄したらいいことがある！」と覚えさせる。

5 扉を開けて子犬を出し、ごほうびとして一緒に遊んだり、自由にさせる。それが子犬にとって一番のごほうびになる。

NG

失敗しても叱らない、騒がない

叱ると、排泄したこと自体を叱られたと勘違いし、隠れて排泄するようになったり、排泄をがまんして膀胱炎になることも。また、騒ぐと子犬はかまってもらえたと勘違いすることも。失敗を見つけたら、無言で素早く片づけ、においは消臭剤で完全に消しておく。子犬がトイレを失敗したのは、きちんと行動管理をしていなかった飼い主の責任。次からはしっかり子犬の行動管理を。

短期集中型

ハウスを利用した トイレ・トレーニング

犬は基本的に自分の寝床は汚さないため、ハウスの中では排泄をがまんします。この習性を利用し、当面、子犬の生活の中心をハウスにして、定期的にトイレに連れていくようにします。失敗の可能性がほとんどないため、早く覚えられるはずです。

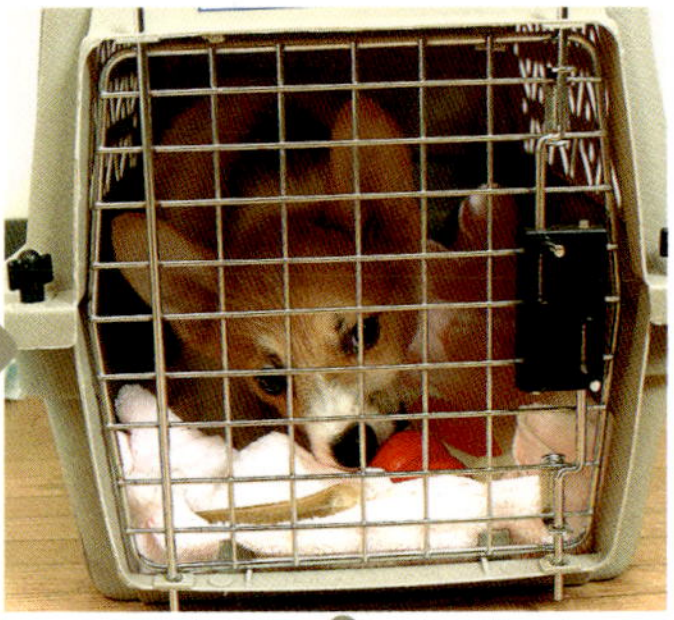

1
子犬はハウスで過ごさせる。ハウスにはかじるおもちゃを入れ、退屈させないようにする。

2
1時間ごとなど時間を決め、定期的にトイレに連れ出す。

3
85ページと同様に排泄するまで待ち、排泄したらその場でほめてごほうびをあげ、さらに部屋で遊ばせる。

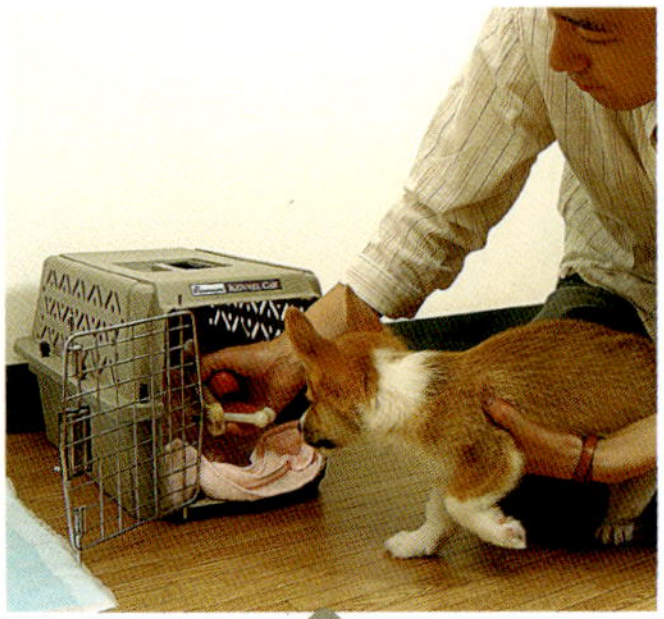

4
10〜15分程度遊ばせたら、再びハウス、もしくはトイレへ入れる。

場所と材質がトイレを認識するポイント

子犬がトイレを認識するポイントは、においとトイレのある場所、足元の感触です。ですから、トイレはあちこち動かさないのが原則。将来的に風呂場などに移動させたい場合は、トイレを完全に覚えてから、1日数センチくらいずつ動かしていくとよいでしょう。

足元の感触（トイレの材質）は、吸収力のよさや、似た素材のものが少ないという理由から、ペットシーツがベターです。新聞紙もよく使われますが、家の中には紙素材のものが多いので、あまりおすすめしません。ただし、ペットショップなどで新聞紙を使っていた場合は、しばらくペットシーツと新聞紙を併用し、徐々に新聞紙を少なくしていったほうがいいでしょう。

また、ペットショップなどの狭いケージに入れられ寝床で排泄することに慣れてしまった子犬や、タオルの上で排泄していた子犬は、似たような感触の場所で排泄しがちです。たとえばじゅうたんや、玄関マットなど。この場合、トイレを覚えるまでは、これらを取り外したり、マット類のある場所へは進入禁止にするなどしたほうがいいでしょう。

Check! トイレを覚えられない原因は？

□飼い主がしっかり行動管理をしていない

完全に覚えるまでは、ちょっとの時間でもハウスに入れて管理を。

□トイレの大きさが合っていない

最初は中で十分動き回れるぐらい余裕のあるものを用意。慣れてきたら徐々に小さくしていってよいが、体がしっかりおさまるサイズにする。具体的には、小型犬でも60cm×40cmはほしい。

□トイレが汚い

犬は汚れた場所では排泄しないので、ペットシーツは1回1回取り替えるのが基本。留守がちでそれが難しいなら、1週間替えなくてもいいタイプのトイレ（➡P65）などを利用するのも手。

□排泄のタイミングが合っていない

なるべく規則正しい生活をしたうえで排泄記録をつけてみるといい。タイミングがわからないなら、30分ごと、1時間ごとというふうに一定時間ごとに連れていこう。右ページのハウスを利用した方法でトレーニングするのがベスト。

□トイレの場所が落ち着かない

部屋の中央や、人の出入りの多いドア付近は落ち着かない。部屋の隅や落ち着いてできる壁際に置く。

□排泄するとき、子犬をずっと見ている

排泄は安心できる状況でなければできない。ジーッと見ていたり、イライラした態度は×。さりげなく見守って。

Key word うれション

家族の帰宅や、来客の際に、うれしさのあまり興奮しておもらししてしまう子犬がいます。通称「うれション」と呼ばれますが、普通の排泄とは違います。通常は成長するにつれて直っていきますが、犬によっては習慣化することもあります。

習慣化させないためには、子犬が興奮しているときには相手にしないようにします。帰宅の際に子犬が興奮してお出迎えしても、落ち着くまで無視します。お客さんにも子犬が落ち着いてからかまってもらうようにするとよいでしょう。

Question Q お尻にウンチがついてしまったら？

通常、健康な硬さのウンチなら、排便後に肛門に汚れが残ることは少ないのですが、子犬の場合、まだうまく排泄ができず、汚れが残ったり、肛門付近の毛についてしまうことがあります。これを放置しておくと、においが気になるだけでなく、病気の原因になることも。

肛門や周辺が汚れたときは、しめらせたコットンでやさしく拭き取り、さらに乾いたコットンで水分も取り除いておきましょう。

成犬の必要栄養量（成人男性を１とした場合）

タンパク質	4倍	ビタミンA	3倍
カルシウム	24倍	ビタミンD	4倍
リン	20倍	ビタミンB_1	1.3倍
カリウム	24倍	ビタミンB_2	2.3倍
鉄	8.5倍	ナイアシン	1倍
亜鉛	5倍	塩分	0.5倍

上記は体重１kg当たりの必要栄養量を比較した場合。塩分、ナイアシン以外は、犬はかなりの量を必要としていることがわかる。

Life

フードの知識と食事のマナー

食べさせてはいけないもの

●チョコレート

チョコレートに含まれるテオブロミンによって、嘔吐や下痢などの中毒症状を起こす。

●ネギ類

ネギ類には溶血作用があり、貧血や血便の原因に。最悪の場合死に至るケースも。ネギのエキスが溶け出したすきやきの残り汁などにも口をつけさせないように注意。

●刺激物

トウガラシ、タバスコ、カレーなどの刺激物は、内臓に大きな負担がかかり、下痢、消化不良の原因に。

●加熱した鶏の骨

鶏肉の骨は、火を通すと縦にさけやすくなり、のどや内臓に刺さる危険がある。

●人間用の牛乳

人間用は下痢を起こしやすく、カロリーも高いので×。飲ませるなら犬用ミルクを。

※そのほか、糖分や脂肪分の多いもの（お菓子やジュースなど）、塩分の多いもの（ソーセージなどの加工品）、消化の悪いもの（イカ、タコ、タケノコ、ピーナッツなど）は避ける。

必要な栄養を満たした犬専用の食事を与える

以前は人間の残り物を犬に与えることが一般的でしたが、犬にとって、人間の食事は塩分や脂肪が多すぎて、体によくありません。

もともと犬は肉食性の動物で、雑食性の人間とは消化気管の構造や大きさに違いがあり、必要とする栄養量にも大きな差があります（上表参照）。味の濃い人間の食事を分け与えていると、肥満や腎臓病などの病気、あるいは偏食の原因になります。

また、私たちは普通に食べているものでも、犬にとっては有害なものもあります（上参照）。犬には犬専用の食事を用意し、愛犬の健康な体を維持しましょう。

ドッグフードか手作り食か？

犬の食事として一般的なのは、市販されているドッグフードです。

ドッグフードには、大きく分けて、ドライ（乾燥）タイプとウェット（缶詰・

犬の食事の種類

●ドライフード

水分含有量10%以下。ドッグフードの主流。比較的保存性は高いが、開封したら酸化が始まるので、数週間で使い切れるように小袋で購入すること。開封後は密閉容器に入れ、直射日光の当たらない場所に保管する。

●ウェットフード

水分含有量75%以上。においが強く、肉の食感も残っているため、一般にドライフードより犬の嗜好を満足させる。価格はやや割高。また、歯間に食べカスが残りやすく歯石や口臭の原因にも。1回で使い切るのが基本だが、残った場合はラップに包んで冷凍保存を。

●手作り食

使用した食材を把握でき、添加物を最小限におさえられる。つねに新鮮なものを与えられるのも利点。ただし、犬の栄養について、しっかり知識を持っていることが必要。毎食ではなく、ときどき手作り食を取り入れるという方法もOK。

ドッグフード購入時のチェックポイント

良質のドッグフードを見極めるには、パッケージの情報をきちんと読み取ることが大切です。

□ フードの目的

毎日の主食として与えるフードは、「総合栄養食」と記載されたものを選ぶ。

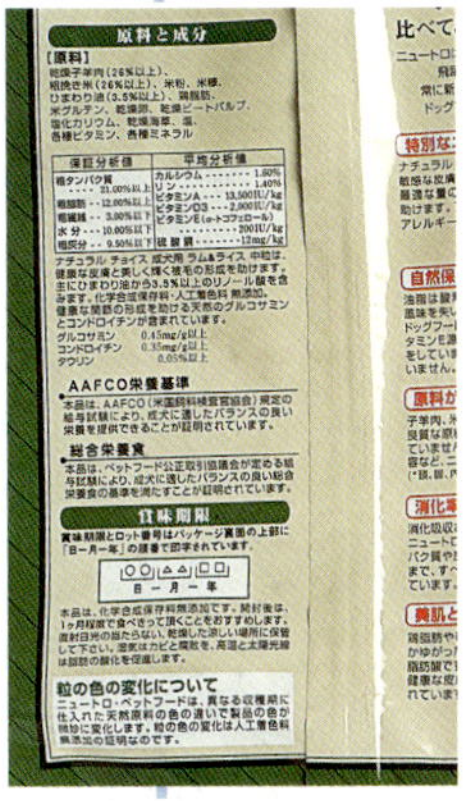

□ 検査機関

国産なら「ペットフード公正取引協議会」、アメリカ産なら「AAFCO（米国飼料検査官協会）」の検査に合格したという表記をチェックする。

□ 原材料

くわしく表記してあるものが望ましい。なるべく合成保存料や合成着色料を使っていないものを選ぶ。

□ 製造年月日または賞味期限

できるだけ新鮮なものを選ぶ。賞味期限は未開封状態での期限なので、開封後は早めに使い切る。

□ 値段

極端に安いものは、安いなりの理由があるはずなので、要注意。

レトルト）タイプがあります。主流は、比較的安く、保存性も高いドライタイプですが、多くの犬は、肉の食感が残っていて、においの強いウェットタイプを好みます。

また、最近は手作り食を与えている人も増えています。いろいろなメリットがありますが、栄養バランスを考えながら毎日作るのはかなりたいへんです。手作りに挑戦するなら、犬の栄養についてしっかり知識を身につけたうえでトライしてください。

どの食事を与えるかは、飼い主の考え方次第。いずれにしても安全で、犬に必要な栄養量を十分に与えられるものにしましょう。

成長に応じて食事内容・回数を変える

成長過程によっても、犬が必要とする栄養量は違います。ドッグフードなら、パピー（子犬）用、成犬用があるので、成長に合ったものを与えてください。

食事の回数も成長に応じて変えていきます。成犬になれば1日2回でOKですが、消化器官が発達していない子犬は発達程度に合わせて3～5回程度に分けて与えるのが基本です。

また、食事をコングなどのおもちゃに

食事量のチェック

犬に与える量は、ドッグフードのパッケージに記載されているものを目安にしますが、年齢や体型、1日の運動量などによってもだいぶ変わってきます。便の調子や食欲などを見て調整しましょう。

●便の調子でチェック

適度な硬さの便 （紙でウンチをつかんで片づけたときに、ペットシーツに少しあとが残るくらい）	**適切**
硬くてコロコロした便	**少ない**
やわらかい便	**多い、または消化不良** 消化不良の場合は1食分の量を減らして食事回数を増やす、子犬の場合は離乳食に戻すなどの工夫を。下痢が続くときは動物病院へ

●食欲でチェック

ガツガツ食べる	**少ない？** がっつくのは健康な犬の反応だが、しつこく食器をなめるなら、少し量を増やして様子を見よう
あまりほしがらない、残す	**多い？** 15分たっても食べないなら食器を片づけ、次の食事まで水以外あげない。食べなくても元気なら、子犬は1食分、成犬は1日くらい食事を抜いてもＯＫ。それ以上食べないときは獣医師に相談を

成長別 食事の種類と回数の目安

- **誕生** 母乳
- **3週齢頃～** 離乳食 1日4回
- **3か月齢頃～** パピーフード 1日3～4回
- **8か月齢頃～** 成犬用フード 1日2回
- **7、8歳頃～** シニアフード 1日2～3回

※犬によって成長のスピードが違うので、食事の内容や回数を見直すタイミングも異なります。成長別の食事の与え方については74～79ページも参照してください。

水はつねに新鮮なものを用意しておこう

詰めて与える方法もあります。コングに入れたフードは一気に出てこないので、時間をかけて、しかも楽しみながら食べることができます。これはとくに留守番の多い子犬や、あまがみの多い子犬には有効な手段です。

「3時のおやつ」は不要。水はほしがるだけあげて

おやつを与える場合もドッグフードと同様、犬専用のものを与えてください。ただ、基本的に犬には「3時のおやつ」は不要です。トレーニングのごほうびとして与える程度にとどめましょう。

水については、新鮮なものをいつでも好きなだけ飲めるようにしておきます。

食事の与え方

方法1

●食器から与える

犬によっては、食器を片づけようとすると、取られまいとして飼い主を威嚇するようになる場合もあるので、子犬のうちに「人の手は食事を取り上げるものではなく、むしろ食べ物が出てくるいいもの」ということを教えておこう。そのためには最初は食器に少なめにフードを入れ、少しずつ継ぎ足していくとよい。直接手から食べさせてもＯＫ。食事中に食器を取り上げるのは×。

場所

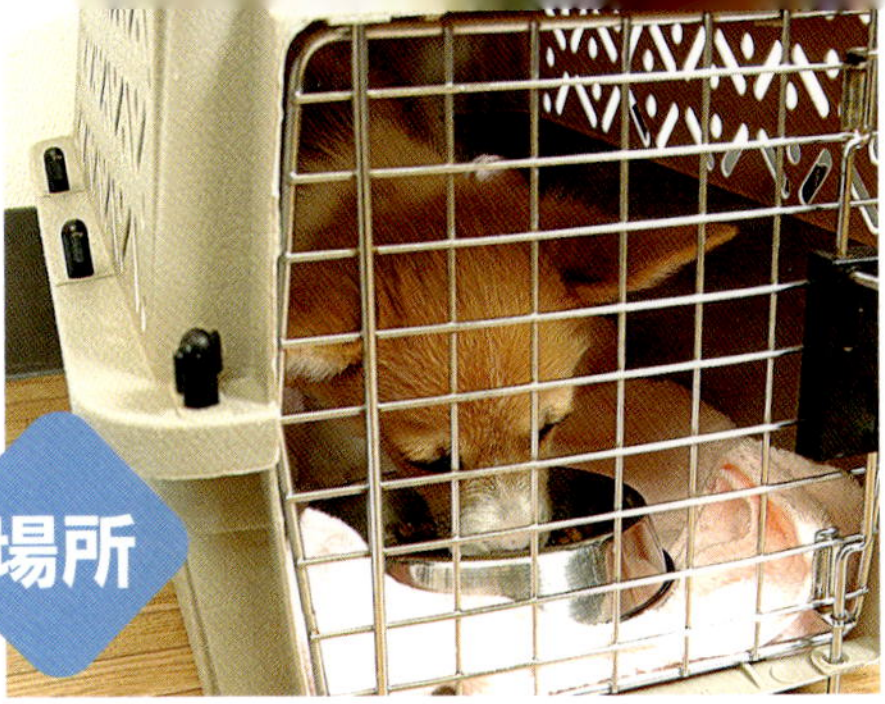

落ち着いて食事ができる環境ならどこでもＯＫ。ハウスに慣れさせるため、ハウスの中で食事させるのもいい方法。

方法2

●コングなどに詰めて与える

犬の作業意欲を満たしながら時間をかけて食事できるのは、犬にとっても飼い主にとってもメリットのある方法（➡P109）。

NG

オアズケは不要

興奮をしずめるために「マテ」や「スワレ」をさせるのはいいが、むやみに待たせるのは×。犬をいっそう食事に執着させたり、食べ物がないと「マテ」のできない犬にさせしまう。

Question Q 室内犬は肥満になりやすい？

「うるんだ目で甘えられるとつい…」と、犬がほしがるままに食べ物を与えてしまう人も多いもの。このように室内犬は食べ物をもらう機会が多く、室外犬に比べ肥満傾向が強いといわれます。

食卓から人間の食事を与えてしまうケースは多いですが、一度与えるとクセになりますし、健康面から見ても、あまりおすすめできません。家族の食事中は、犬にねだられても無視するか、ハウスに入れておくのが得策。また、ハウスに入れるにしろ、入れないにしろ、人間の食事以上に興味をひきつけるおもちゃなどを与えておくとよいでしょう。家族の食事と同じ時間に、犬には上記のコングを使った方法で食事をさせるのもおすすめです。

さわられることに慣らそう

1 子犬を抱きかかえて、やさしく体をさわる。最初は背中や首元、アゴの下など、子犬がさわられて気持ちのいい部分（➡P43）から。

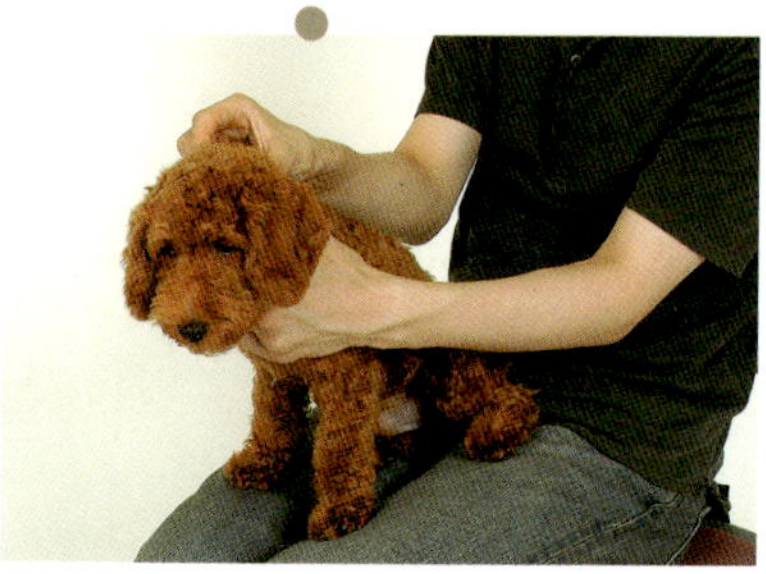

2 首の後ろをゆっくりもむ。動き回って疲れている子犬にとって、いいマッサージになる。

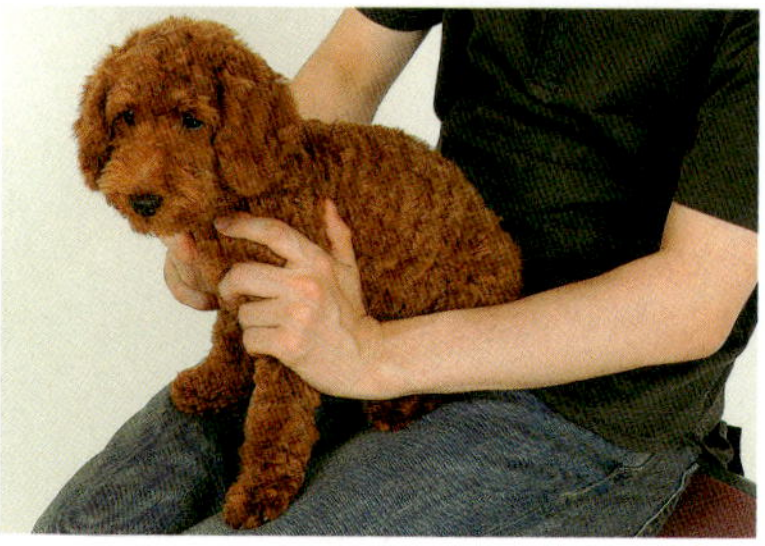

3 足先や耳など、一般にさわられるのが苦手な部分（➡P43）も含めて、全身をゆっくりさわる。

Advice

子犬が疲れているときに行う

　このトレーニングは、遊びや運動を十分にして、子犬がへとへとに疲れているときに行うこと。元気があるときに行うとジタバタ動いてうまくいかないことが多い。

どこでもさわらせてくれる犬にしよう

　子犬の体をすみずみまで十分にさわれるようにすることは、とても大切なことです。さわられるのが嫌いな犬だと、日常の手入れや動物病院での治療など、スムーズにいかないことがたくさんあります。何より、かわいい愛犬を存分にさわれないというのは飼い主として悲しいことでしょう。

　基本的には子犬はやさしくなでられることは好きですし、飼い主との間に十分な信頼関係ができれば、喜んで身を任せるようになります。ただし、足先やシッポなどの先端部分は、最初は抵抗を示すものです。いきなりそういう部分をさわらないで、背中や首筋など気持ちのいいところから、徐々にさわって慣らしていってください。

体を拘束されることにも慣らしておく必要がある

　単に体をさわられるだけでなく、体を拘束されることにも慣らしておく必要が

Advice

暴れるときは、抱きしめて落ち着かせる

たいていの子犬は仰向けにされると最初は嫌がって暴れたりするが、ここで離すと「暴れれば離してくれる」と学習してしまう。子犬がジタバタするときは、包み込むようにギュ〜っと抱きしめる。疲れている子犬なら、しばらくすればおとなしくなるはず。こうして体を拘束されることにも慣らしていく。

4 ひと通りさわったら、子犬を仰向けに寝かせる。

5 子犬が落ち着いたら、片手で前足の付け根あたりをおさえ、反対の手で首の下をなでる。

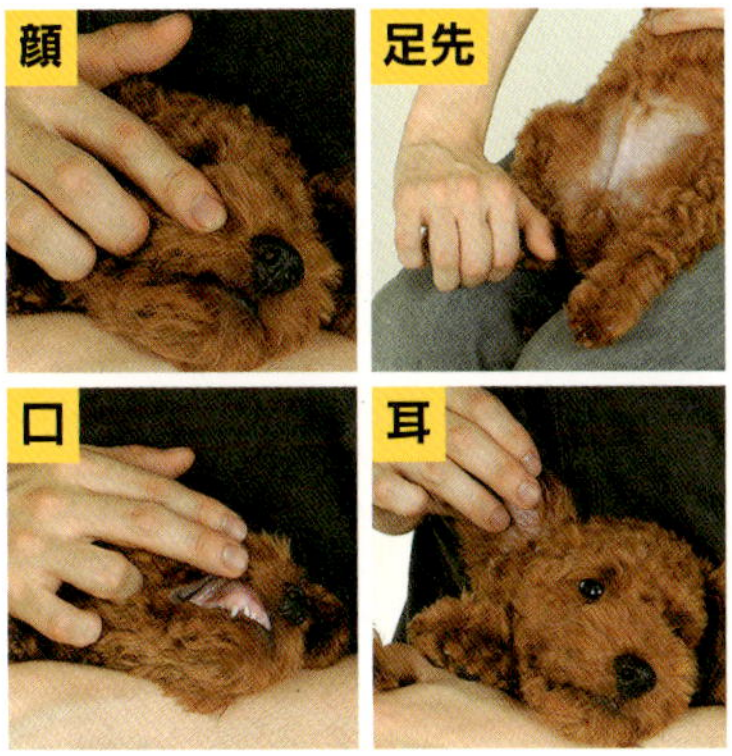

6 落ち着いているようなら、おなかや足先、足の付け根、耳、顔、口の中など、全身をゆっくりさわっていく。

体をさわる練習は、犬が遊び疲れているときに行うのがポイント。さわられているうちに子犬が気持ちよく眠ってしまうぐらいがベスト

あります。たとえば、犬が嫌がるからといって動物病院での診察や治療をためらっていると、重大な事態になりかねません。どんな姿勢にされても飼い主に身を任せられるよう練習しておきましょう。

体をさわることや拘束されることに慣らすことは、子犬であればそれほど難しいことではありません。しかし、成犬になると恐怖心や警戒心が先に立ち、難しくなることもあります。子犬のうちにしっかり慣らしておきましょう。

部屋の においい 抜け毛 対策

室内飼いの二大お悩みといえば、においと抜け毛。でもちょっとした工夫でかなり改善できます。対策グッズもたくさんあるので、上手に利用して快適空間を作りましょう。

におい対策

●排泄物はすぐに片づける

においの原因の大部分は排泄物によるもの。排泄後はすぐにペットシーツを取り替えよう。

●トイレやハウスはまめにそうじを

においがつきやすいので、まめに拭きそうじをし、ときどき日光消毒もしよう。犬がトイレを完全に覚えたら、風呂場などにトイレを移動してもＯＫ（➡P67）。

●犬の体を清潔に保つ

犬の体臭は、ブラッシングやシャンプーなどきちんと体の手入れをし、清潔を保てばそれほど気にならないはず。

●換気と通気を行う

においが充満しないように、こまめに窓を開けたり、換気扇や空気清浄機で、新鮮な空気を循環させる。

●消臭効果のある素材を使用する

紙や布はにおいを吸収しやすい素材。とくにカーテンやカーペットは面積が大きいぶん、においもつきやすいので、消臭効果の高い素材のものを。カーテンはブラインド、カーペットはフロアマットにするのも得策。

おすすめ消臭グッズ

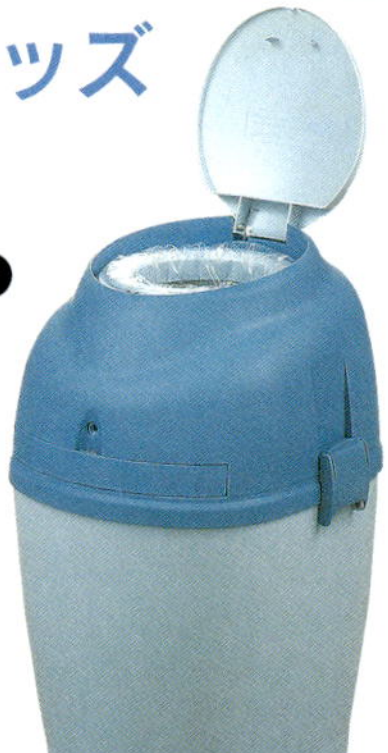

F

エレクトリックペール「ペット用ペール」

電気式のにおい密封ゴミ箱。使用済みのペットシーツをポイッと入れてハンドルを引くだけでにおいの元をパック。生ゴミと併用してもＯＫ。

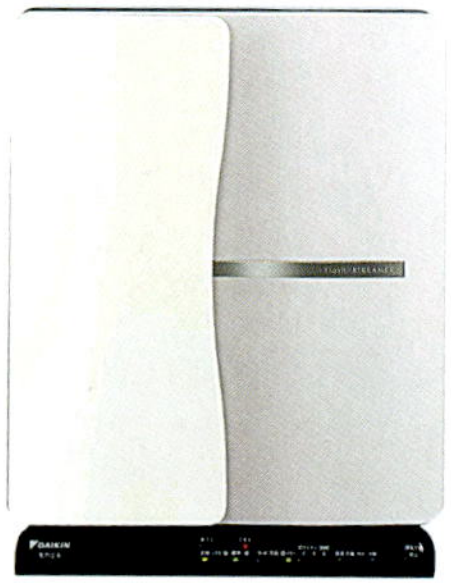

G

空気清浄機「フラッシュストリーマ光クリエール」

放出された高速電子が空間でにおいを分解。さらにフィルターに吸着したにおい成分を光触媒、脱臭触媒が強力に分解する。静音設計。

F グリーンライフ　G ダイキン工業

抜け毛対策

●毎日しっかりブラッシングする

長毛種・短毛種とも、まめにブラッシングを。とくに換毛期は念入りに。なお、ベランダや公園などでのブラッシングは迷惑なもの。室内で行おう。

日常的なブラッシングで抜け毛はこまめに取り除く

●こまめにそうじする

身近に粘着ローラー（コロコロ）などを用意しておき、気がついたらすぐに取り除こう。また、抜け毛はカーテンについたり、家具と壁の間、ヒーターや換気扇の中などにも入り込むので、目につかないところも定期的にチェックし、そうじすること。

コロコロは必需品

●洋服を着せる

洋服は抜け毛の飛び散りをおさえるのに効果的。ただし、犬が嫌がる場合や暑い日には無理に着せない。

場所別・そうじテクニック

カーペット

カーペットにからみついた頑固な抜け毛は、ラバーブラシやタワシなどでかき出してから、掃除機や粘着ローラーで取り除こう。

フローリング

こまかい繊維でできたフローリング用の不織紙のモップが便利。ときどき水拭きもして。

畳

濡らした新聞紙をちぎって畳にまいてからほうきで掃くと、毛が舞い上がらず、そうじしやすい。最後はしっかり乾拭きする。

エアコン・空気清浄機など

中のフィルターなどにたまった抜け毛やホコリは、まず掃除機で取り除き、取りきれない汚れは使い古しのハブラシで水洗いする。

狭いところ

部屋の隅や、こまかい凹凸部分に入り込んだ抜け毛は、ペンキ用のはけなどでかき出してから掃除機をかける。家具と壁の隙間がそうじしやすいように、家具にキャスターをつけておくとよい。

Life

いろいろなモノ・コトに慣らす

ワクチンが終わっていなくても、抱っこ散歩で外の世界にふれさせ、社会性を身につけさせよう

子犬のうちから意識的にさまざまな経験をさせよう

子犬を育てるうえで、もっとも大切なことのひとつが、子犬を十分に「社会化」させることです。

生後約3~12週齢までは犬の社会化期といわれ、子犬が素直に何でも受け入れられる時期です。ですから、この時期に、人間やほかの犬、さまざまなもの、環境などにうまく慣らしていくことが大切。よく社会化された犬は、ささいなことでは動じない、落ち着いた社交的な犬に成長していきます。

一方、この時期にうまく社会化ができないと、他人やほかの犬を極端に怖がったり、外出先でトラブルを起こしやすい犬になりがちです。恐怖心のあまり、ほかの犬や人をかんでしまう犬の多くは、社会化不足が原因だといわれます。

抱っこ散歩で外の環境に慣らす

免疫が十分ではない子犬は伝染病にかかりやすいため、ワクチン・プログラム

飼い主以外の人に慣らす

家族が子犬をさわることに慣れてきたら（➡P92）、友人や近所の人を家に招いて、子犬にさわってもらおう。女性、男性、子ども、年配の人など、いろいろなタイプの人に慣らしておきたい。

家族が抱っこして、ほかの人にごほうびをあげてもらう。子犬が気にしないようなら、背中などをやさしくなでてもらおう

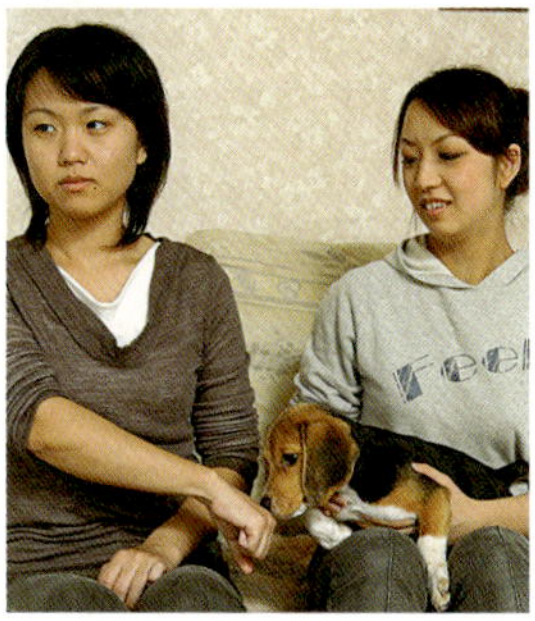

臆病な子犬の場合は、最初は目を合わせないようにして少しずつ近づいてもらうとよい。子犬に手の甲のにおいをかがせてから、ごほうびをあげてもらう

家の中のさまざまなものに慣らす

家の中は、子犬にとっては見慣れないものや、聞きなれない音ばかり。とくに犬は聴力がいいので、音には敏感に反応する。なかでも子犬がおびえやすいのが掃除機やドライヤー。大きい音が出るうえに、動いたり、風が出てきたりするので恐怖心を持つようだ。音が出るもの、動くものは、まず止まった状態から慣れさせるのがポイント。

掃除機の場合は、1人が音を出さない状態で掃除機をかけるまねをし、興奮していなければ別の人がごほうびをあげる。掃除機を気にしないようなら、遠くで音を出して、徐々に犬に近づけていく

Advice

ごほうびを上手に使って慣らそう

「いろいろなモノ・コト」に慣らすには、フードなどのごほうびを使うのが効果的。これは、新しいことをよい印象として印象づけるため。ポイントは、犬が落ち着いている状況でごほうびを与えるということ。犬が興奮したり、怖がっているときに与えると、そういう状況になることがよいことだと教えてしまうので気をつけよう。

（➡P178）が終了するまでは、散歩はおあずけというのが普通です。しかし、これでは十分に社会化されないまま成長し、将来的に弊害が出てきます。

確かに、免疫が十分でないうちにほかの犬と接触したり、犬の排泄物などが残っている地面を直接歩いたりすることは危険ですが、飼い主が抱っこして外に連れ出すのであれば、問題ありません。子犬の社会化のために、早いうちから外の世界を見せてあげましょう。

子犬の性格もふまえて社会化を進める

最終的にどれだけ社会性が身につくかは、子犬のもともとの性格も影響します。決してあせったり、無理強いしたりせず、そのコの個性に合わせて社会化を進めていきましょう。

社会化期をすぎると、徐々に新しいことを受け入れるのに時間がかかるようになります。でも、社会化ができないわけではありません。

そもそも社会化は、社会化期以降も継続して行うもの。たとえ社会化期にうまく子犬を社会化させたとしても、その後閉鎖的な環境で育てたら、子犬のころに身につけたものは、ほとんど失われてしまいます。

首輪・リードに慣らす

最初は首輪を嫌がったり、リードをかんだり、じゃれて遊んでしまうコも多い。散歩デビューの際に困らないように、室内で慣らしておこう。

Advice

フード入りのおもちゃをうまく使おう

リードや首輪をつけるときは、2人いるとやりやすい。1人の場合は、コングなどのおもちゃに、食べ物を詰めたり、においをつけておき、それを自分の股にはさんで、子犬が夢中になっている間につけるとよい。

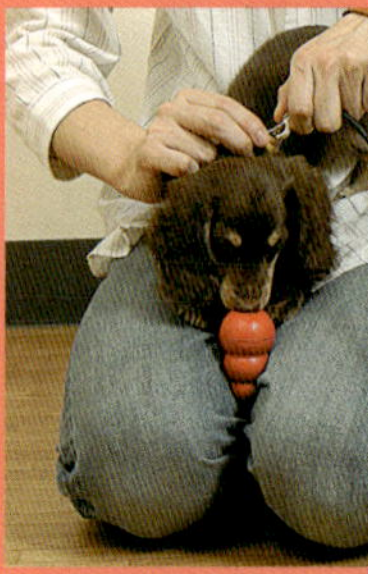

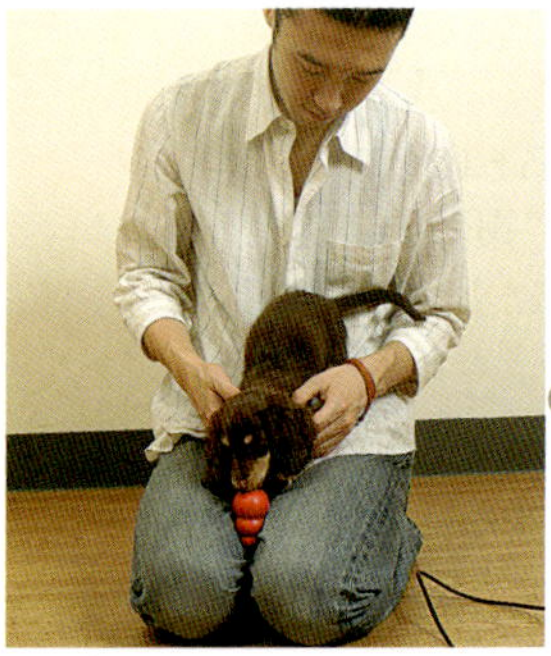

1 ごほうびをあげながら、後ろ側から子犬に首輪をつける

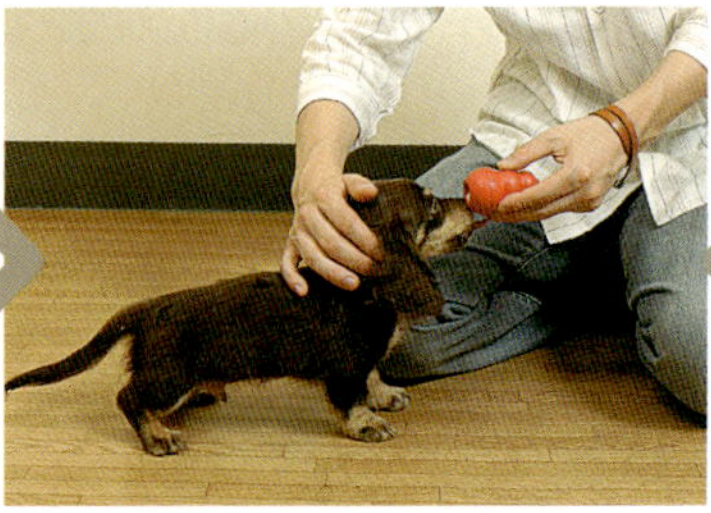

2 そのまま、ごほうび、食事、遊びなど好きなことをさせる

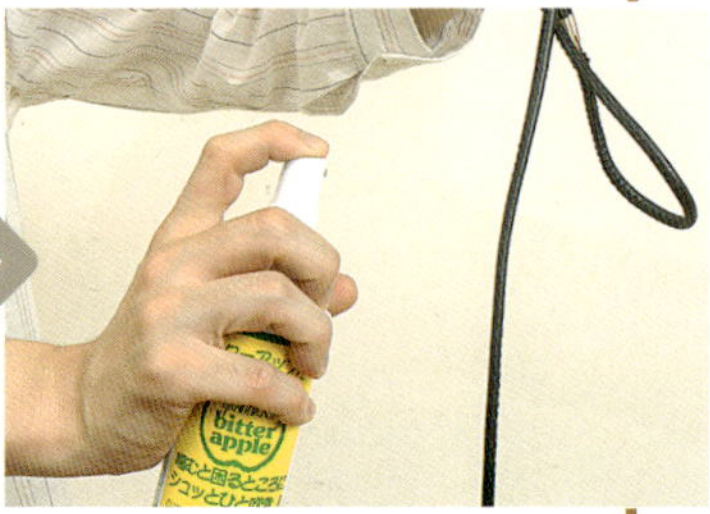

3 リードは、子犬がじゃれて遊んだり、かんだりすることが多いので、あらかじめビターアップル（かみつき防止剤）を吹きつけておく

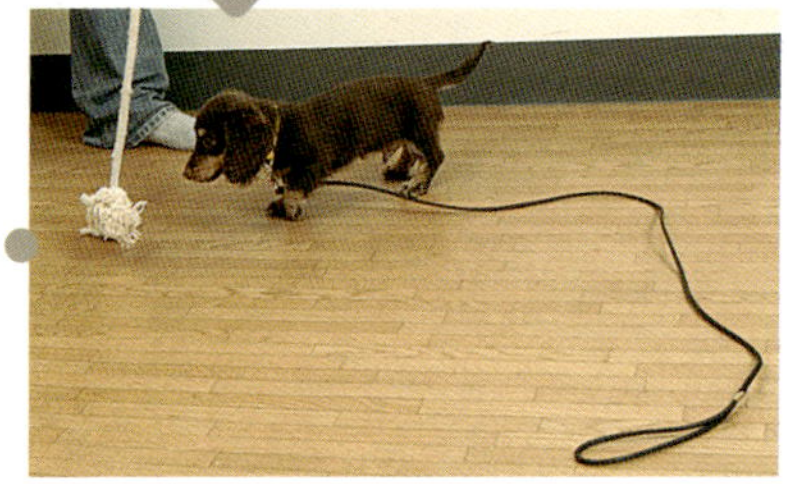

4 1と同じ要領で子犬にリードをつけ、そのまま歩かせたり、おもちゃで遊ばせたりする

5 子犬が歩いているときに、一瞬、手や足でリードを押さえ、すぐに離してみる。「行きたくても行けない」という状況に慣らしておくと散歩の際にコントロールしやすくなる

外の刺激・音に慣らす

ワクチン・プログラムが終了するまでは、子犬を抱っこしたり、キャリーバッグに入れて近所を歩き、外の世界を見せてあげよう。少しずつ行動範囲を広げ、車や電車、大きいビル、さまざまなタイプの人などを見せる。車や電車の音などは、最初は遠くから聞かせて、落ち着いていたらごほうびをあげる。本格的に散歩ができるようになったら、コンクリート、芝生、土、マンホールなどいろいろな場所を歩かせよう。

外を怖がる場合は、窓やベランダから外を見せることから始めよう

ほかの犬に慣らす

散歩に出られるようになったら、ほかの犬とも対面させて、遊ぶ機会を作ってあげよう。最初は同じくらいの子犬や、穏やかでよくしつけられた成犬と会わせるといい。ほかの犬と遊ばせるときは、相手の飼い主の了解を得ること。トラブルを避けるため、リードをしっかり持って少しずつ近づけるようにしよう。

車に慣らす

最初に乗ったときに車酔いをしたり、ゆれて怖い思いをしたりすると車嫌いになりやすいので、最初にいい印象を持たせるようにすること。まずエンジンをかけない状態で車に乗り、中で遊んだり、ごほうびをあげる。慣れてきたらエンジンをかけて様子を見る。大丈夫ならそのまま運転して、近くの公園などに行き、遊んで帰ってくる。「車に乗ると楽しいことがある！」と覚えさせよう。

●体の手入れに慣らす➡P158
●留守番に慣らす➡P104
●動物病院に慣らす➡P184

玄関チャイムの音に慣らす

家に着たばかりのころは吠えなくても、5か月くらいになるとチャイムの音に反応して吠えるようになる犬はとても多い。これは、「チャイムの音＝来客」と結びつけて覚えてしまったためで、おもに警戒心から吠えるケースと、うれしくて興奮のあまり吠えているケースがある。いずれにしても吠えグセがつかないように、子犬が吠え始める前に予防策を講じておきたい。

何も音がしていないのにインターホンに出て、吠えなかったらごほうびをあげる

前もって知人に頼んでチャイムを鳴らしてもらい、家族は反応しない。吠えなかったらごほうびをあげる

Key word

パピーパーティ

社会化期にほかの犬と遊び、犬同士のつきあい方を学ぶことは、とても大切なことです。ところが、ペットショップで売られている子犬の多くは、生後間もなく母犬や兄弟犬から離されていることが多く、犬としての基本的なコミュニケーション能力が欠如したまま成長してしまうことが少なくありません。

こうした状況を改善する方法のひとつが、パピーパーティへの参加。パピーパーティとは、まだ本格的に散歩ができない子犬たちが、安全な環境でほかの犬とふれあえる場です。一部のしつけ教室で行っているほか、ウイルス感染の配慮から動物病院で主催されることも多いようです。

子犬と遊ぼう

引っぱりっこ

ロープやおもちゃなどを引っぱり合う遊び。前後に引っぱり合うだけでなく、左右に動かしたり、小刻みに振ってあげると、より楽しめる。ぬいぐるみ状のおもちゃを使うときは、安全のためにひもをつけて遊ぶこと。なお、引っぱりっこをしていると、犬がうなったりすることがあるが、これは攻撃的になっているのではなく、興奮しているため。正常な行動だが、興奮させすぎると収拾がつかなくなるので注意（左ページ参照）。

モッテコイ

ボールやおもちゃを投げて持ってこさせる遊び。くわえたボールを持ち逃げされないよう、最初はリードをつける。おもちゃを持ってきたらほめてあげよう。短い距離から始め、少しずつ距離をのばしていく。

子犬は遊び好き。十分に相手をしてあげよう

犬は遊ぶことが大好き。この欲求が満たされないと、部屋のものをかじったり、カーテンを引っぱったり、人にじゃれてあまがみをしたり、自分なりに〝遊び〟を見つけて、エネルギーを発散させます。

でも、それは飼い主にとって困った行動。日頃から十分に遊んであげて、「困った行動」を予防しましょう。

狩猟を疑似体験できる引っぱりっこやボール遊び

犬にはオオカミ時代から受け継ぐ狩猟本能がありますが、現代の犬たちは、「遊び」で狩猟の疑似体験をしています。

獲物を追いかけていたころのなごりで、動くものを見ると追いたくなるのが、犬の習性。そのためボールやおもちゃを追いかけるのが、犬にとっては好きな遊びのひとつ。また、ロープなどを引っぱり合う遊び（引っぱりっこ）も、獲物を捕らえるときの疑似体験となり、非常にエキサイティングして遊びます。

上手に遊ぶコツ

おもちゃは生きているように動かす

おもちゃは、狩りをするときの獲物と一緒なので、取れそうで取れないように動かしたり、小刻みに動かして、子犬の狩猟本能を刺激する。ただし、高い位置で動かすと、飛びつく楽しさを教えてしまうので×。

おもちゃにはひもをつける

人の手が近いと、おもちゃよりも、ひらひら動く人の手に興味を持ち、思わずかんでしまうこともある。また、ひもをつけて動かしたほうが、おもちゃの動きに変化もつけやすい。

興奮してきたら休憩する

引っぱりっこなどで犬の興奮が高まってきたら、いったん遊びをやめ、犬が完全に届かない高さまでおもちゃを持ち上げる。最初は子犬も飛びつこうとしたり、吠えたりするが、そのうちどうすれば遊んでもらえるかを考え、自分から座ったり、伏せたりするはず。子犬が完全に落ち着いたら遊びを再開する。こうした短いゲームを繰り返すうちに、子犬は興奮をおさえることやコントロールする術を身につけていく。

「ダセ」を教える

おもちゃを口から出させるには、飼い主がおもちゃを自分の体につけて、動きを止めればいい。これは、獲物が死ぬと力を抜くのと同じ状態。また、おやつと交換でおもちゃを出させてもいい。子犬がおもちゃを離した瞬間に「ダセ」と声をかけ続ければ、「ダセ」が指示語として定着していく。

Life

お散歩デビューへの道

散歩デビューまでのステップ

STEP1	散歩ルートの下見はすんでいる？	NO	同じ時間帯に怖い犬が通るかも。まずは飼い主だけで歩いてみて。近くの公園の様子もチェックしておこう。
YES ↓			
STEP2	抱っこ散歩はした？	NO	いきなり歩かせないで、まずは犬を抱いたまま外の刺激にふれさせてみよう（➡ P98）。
YES ↓			
STEP3	首輪、リードには慣れた？	NO	家の中で首輪、リードをつけながら遊んだり、ごほうびをあげたりして慣らしておこう（➡ P98）。
YES ↓			
STEP4	ワクチンプログラムは完了した？	NO	最後のワクチンが終わるまで散歩はできない。ワクチンの回数は動物病院によって違うので獣医師に確認を。
YES ↓			
STEP5	獣医師から散歩デビューのOKはもらった？	NO	通常、最後のワクチンから2週間程度たち、健康上問題がなければOKが出る。
YES ↓			

散歩デビュー！

初日は、抱っこ散歩で歩いたコースを歩こう。よく知っている道を歩けば、飼い主も先に何があるかがわかっているので、子犬の行動も予測しやすく、対処しやすい

まずは散歩の楽しさを教えよう

通常、2回目のワクチン接種から2週間程度たてば散歩が可能になります。目安としては生後100日をすぎたあたりが散歩デビューの日になります。

最初は、リードをグイグイ引っぱったり、座り込んでしまったり、なかなかうまく歩けないものです。でも、最初はそんなもの。散歩デビューの日は、地面の感触に慣れることと、「散歩って楽しい！」と印象づけることが目標です。

子犬がある程度外の環境に慣れてきたら、ごほうびで誘導して、リードを引っぱらないで歩くトレーニングを。少しずつ上手に歩けるように練習していきましょう（散歩については144～147ページも参照）。

はじめての散歩

ワクチンプログラムも終わり、獣医師のOKが出たので、いよいよ“お散歩デビュー”。すでに抱っこ散歩で外は経験済みだけど、地面を歩くのは今日がはじめて。うまく歩けるかな？

START!

1 玄関を出たと思ったら、いきなりにおいかぎ。

2 今度ははりきって歩き出した。でも、ちょっとはりきりすぎ!?

3 公園のベンチでひと休み。

4 公園でかけっこ！はりきりすぎてリードかんじゃった。

※出発前にリードにビターアップルをしっかり塗っておくと、リードをかむ習慣をつけずにすみます。

5 さぁ、おうちへ帰ろう。帰ったらごはんかな？

Life お留守番レッスン

事故やイタズラが心配なうちはサークルの中で留守番させる。長時間留守にする場合はこれくらい広いサークルを用意して

トイレを覚え、イタズラもしなくなったら、フリーで留守番させよう。ただし、万が一の事故を避けるため、危険なものは片づけておくこと。留守番中は眠っている犬が多い

まずは「ひとりで過ごす」練習から

犬はつねに仲間とふれあっていたいという気持ちの強い動物ですから、基本的に留守番は苦手です。とくに家族と同じ空間で過ごしている室内犬にとって、ひとり家に取り残されるのは、とても心細く不安なもの。こうした不安感、あるいは退屈をまぎらわすために、留守中吠え続けたり、部屋をグチャグチャにしてしまうといったこともあります。

上手に留守番できる犬にするには、飼い主がいるときから、子犬をひとりにする時間を与えるようにします。最初はごく短い時間から慣れさせ、少しずつその時間をのばしていけば、本当の留守番も無理なくできるようになるでしょう。

また、子犬をひとりにするときは、必ずひとり遊び用のおもちゃを与え、退屈させないようにしてください。

なお、しつけができていないうちは、イタズラやそそう、愛犬の事故を防止するために、ハウスやサークル内で留守番させてください。

不安や退屈を感じさせない 留守番の工夫

普段からひとりで過ごすことに慣らしておく

いきなり長時間の留守番をさせるのはＮＧ。飼い主の在宅中から、子犬がひとりで過ごす時間を設け、留守番の練習をしておく。短時間から始め、徐々に時間を長くしていく。また、犬は急激な変化が苦手なので、家に来た当初はべったりと過ごし、数日後には仕事を再開して1日の大半を留守にするというのでは、子犬はパニックになってしまう。ひとり暮らしや共働きの場合は、子犬が家にやってきた日から、犬がひとりで過ごす時間を作ってトレーニングを。

魅力的なおもちゃを与える

子犬が長時間ひとりで遊べるおもちゃを用意。毎日留守番させるなら、飽きないようにおもちゃのバリエーションは豊富に（➡P108）。

食事はフード入りのおもちゃでさせる

コングやバスターキューブなど、中が空洞になっているおもちゃにフードを入れて食事をさせれば、遊びながら時間をかけて食事をとることができ、絶好の退屈しのぎになる。食事量が多いならフード入りのおもちゃをその分だけ用意。かじるおもちゃと併用すれば、食事をしたり、かじったりしている間に、あっという間に時間がすぎるはず（➡P109）。

外出前後はさりげなく振る舞う

留守番前後のあいさつを大げさにすると、留守のときとのギャップが大きく、さみしさを助長させてしまう。子犬がおもちゃに夢中になっている間に、「行ってくるね」と軽く声をかける程度にとどめる。帰宅後も同じ。もし、子犬が吠えたり、飛びついてきたりするなら、落ち着くまで無視。騒いでいるときに声をかけると、「騒ぐことがいいこと」と学習してしまう。

でかける前に体を動かす

でかける前に散歩や運動をしてたっぷり体を動かせば、イタズラする元気は残っておらず、留守中は眠って過ごしてくれるはず。

テレビやラジオをつけてでかける

静かな環境がさみしさを助長するなら、日常とのギャップを軽減するため、テレビやラジオをつけっぱなしででかけるのもひとつの方法。

カーテンを閉める

これは外の物音や人影に吠える犬への対処法のひとつ。カーテンを閉めて、外の情報をシャットアウトすることで吠える回数が軽減される。

誰かに来てもらう

長時間の留守番なら、そのうちの何時間かだけでもペットシッターや近所の知人に頼んで家に来てもらい、子犬と遊んでもらうのもおすすめ。人とかかわることは、子犬にとっていい刺激になる。

Life あまがみの予防&対処法

人の手足をかむのは子犬にとって楽しい「遊び」

子犬は、人間の手や足にじゃれついて「あまがみ」をします。これは、子犬にとって、楽しい遊び。本来は子犬同士でじゃれたり、かんだりして遊びますが、兄弟犬がいないので、人間相手にあまがみをするのです。

また、犬にとって何かをかんだり、かじったりすること自体、とても強い欲求です。とくに子犬の場合、歯の生え変わりの時期にはむずがゆさがあるため、余計に何かをかじりたくなります。

最初は子犬にかまれてもあまり痛くありませんし、むしろその姿はかわいらしく、つい許してしまう人も多いものです。しかし、そのまま放置すると、かみグセがついてしまうこともあります。将来困ったことにならないように、しっかり予防していきましょう。

おもちゃを上手に使ってあまがみをコントロール

あまがみを予防するには、早い段階から、「かじっていいもの」を十分に与え、子犬の欲求を満たすことが大事。さらに、引っぱりっこやボール遊びなどをして一緒に遊んであげましょう。一日中何かをかじったり、飼い主と遊んだりしていれば、わざわざ人の手で遊ばなくても、十分に欲求は満たされるはずです。

家具や柱などをかじってしまう行為も、かじるおもちゃを十分に与えることで軽減できるでしょう。

あまがみの予防策

●「かじるおもちゃ」を与える

かじるおもちゃは、あやまって飲み込んでしまわないように大きめサイズの安全なものを与える（➡P108）。子犬の場合は、ローテーションを組んで、1日3〜4個ずつおもちゃを与えるとよい。かじると磨り減って使えなくなるので、つねにスペアを用意しておく。

●かじられないように部屋の環境を整える

かじられて困るもの、危険なものは部屋から片づける（➡P66）。または子犬をハウスやサークルに入れて行動範囲を制限する。

●一緒に遊ぶ

引っぱりっこやボール遊び（➡P100）などをして、十分にエネルギーを発散させる。

●ひらひら動くものを極力見せない

犬は動くものには反応する習性がある。子犬の目の前で手を激しく動かしたり、ひらひらする洋服を着用するのは極力避ける。

手や足をかまれたときの対処法

子犬が手や足をかんできたときは、無視作戦で対処しましょう。犬がかんできても相手にしないという態度を貫けば犬もつまらなくなってやめるはずです。ただ基本的には右ページの予防策を徹底して、子犬に人の手足をかむ機会を与えないようにしてください。

1 子犬にかまれたら、（痛くなくても）はっきり「痛い！」とひと言だけ言う。

2 子犬はびっくりして口を離すので、すぐに飼い主はその場を立ち去る。これは、何で飼い主が出ていったのかを子犬に考えさせる時間を与えるため。イタズラが心配な場合は、子犬をハウスに入れる。

3 1分程度で部屋に戻り（あるいは子犬をハウスから出し）、しばらく子犬を無視。テレビを見たり、本を読んだり自分のことをする。

4 その状態で子犬が落ち着いていられたら、声をかけたり、ごほうびとしてかじるおもちゃを与える。人の手をかむより、落ち着いているときのほうがいいことがあると学ばせる。

NG

騒げば余計にかんでくる

「痛い～！　やめて～！」と過剰に反応したり、甲高い声で叱ることは、子犬からみれば、楽しく遊んでいるように見える。飼い主の反応が楽しいと、余計にじゃれてかもうとする。また、子犬の口を離そうとして手を振り回すのも、子犬にとっては楽しいだけ。

ひとり遊び用 おもちゃ活用術

留守番やあまがみ予防のための「ひとり遊び用」のおもちゃは、安全であることが第一。また、おもちゃににおいをつけたり、食べ物を詰めたり、ひと手間かけることで、より魅力的なおもちゃになります。

おすすめのおもちゃ

Ⓐ

デンタルコング

天然ゴムでできた硬くてかじりがいのあるおもちゃ。不規則な弾み方をするので、投げたり転がして遊ぶのも楽しい。中が空洞になっているので食べ物を詰めて与えることもできる。

Ⓐ

デンタルコットン

コットン100%のロープのおもちゃで、かじるにはちょうどいい硬さ。隙間部分にチーズやふやかしたフードなどを練りこむと、より魅力的なおもちゃに。糸を引っぱり出して飲み込むと危険なのでボロボロになるまで使わないこと。

Ⓐ

バスターキューブ

空洞に入れたフードを取り出して遊ぶ。空洞はらせん状になっているので、簡単には出てこない。どう転がせばフードが出てくるのか試行錯誤しているうちに、時間が経過する。

牛の骨

硬くてかみごたえがある。中が空洞になっているので、チーズやビスケットなどを詰めて与えても。ペットショップで売られている。

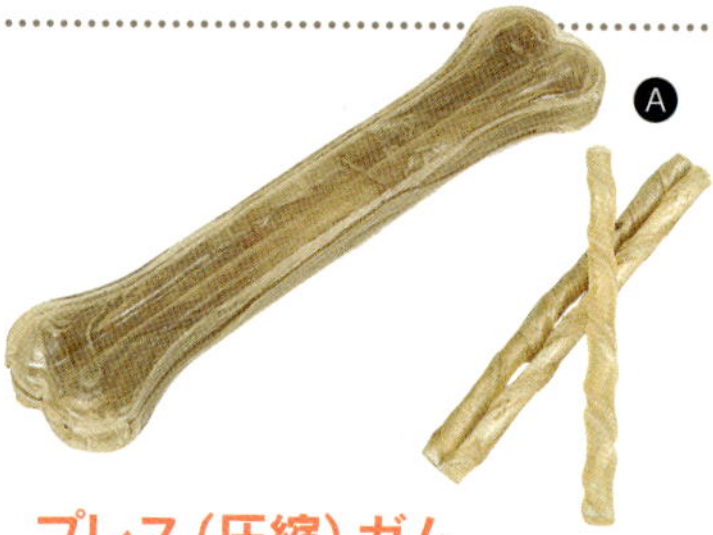

Ⓐ

プレス(圧縮)ガム

圧縮された安全なタイプのガムを選ぶ。かむ力が弱い犬はスティックタイプのプレスガムを半分お湯でふやかして与え、徐々に硬いものに慣らしていくとよい。

注意!

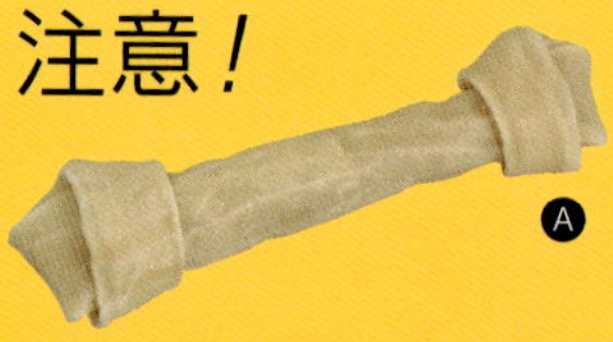

Ⓐ

両端に結び目があるタイプは、かじると最後に結び目のところだけ残り、子犬がその部分を飲み込んでのどにつまらせる危険がある。このタイプは必ず誰かが見ているところで与えること。

ひとり遊び用おもちゃの条件

●口に入りきらない大きさのもの

誤って飲み込むと危険なので、大きめのものを用意。とくにガムのように小さくなっていくものは、小型犬でも中型・大型犬用を与え、小さくなったらすぐに取り替える。

●壊せないもの

ぬいぐるみなどは中綿を引き抜いて飲み込むこともあるので×。壊れる可能性のあるものは、飼い主と一緒に遊ぶときに使うこと。

●犬専用のもの

使い古しのスリッパや靴などをおもちゃとして与えると、新しいスリッパや靴、あるいは同じような素材のものもおもちゃと認識する可能性が。犬用に開発されたものは、天然ゴムや牛皮など家の中にあまりない素材で作られていることが多く、安全性にも配慮されている。

Ⓐジョーカー

フード入りのコングで遊ばせてみよう

おもちゃの中にフードを入れて与えても、食べ方がわからず放り出してしまう犬もいます。最初は食べやすいように飼い主が工夫してあげましょう。

最初は、犬の見ている前で食べ物を詰める。慣れるまでは取り出しやすいように小さめのものを少量入れて与える。

子犬がズルズルおもちゃを転がしてしまうなら、最初は手で押さえてあげて。

犬が自分でコングを支えられるようになったら、飼い主は手を離す。

フードの詰め方の例

犬がコングの遊び方に慣れてきたら、中に入れるものを変えて、少しずつ難しくしていきましょう。なお、ここに紹介するのは一例です。いろいろと試してみましょう

1 ドライフードを入れる。やわらかいものを奥に入れると詰まるので、最初は硬いものを。

2 こまかくしたジャーキーやチーズを入れる。においの強いものを奥のほうに入れて楽しみを残す。

3 ふやかしたドライフードやウェットフードを入れる。途中にやわらかいものを入れてメリハリを。

4 小さめのビスケットを入れる。

5 最後に大きめのビスケットや平べったいジャーキーでふたをし、すぐには取れないようにする。

こんなときはどうすればいい?

うちの子犬の ビックリ行動 Q&A

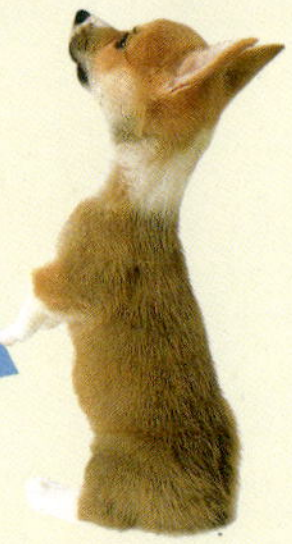

Q 子犬が急にすごい勢いで部屋を走り回ることがあります。やめさせたほうがいいでしょうか?

A これは俗に「犬っぱしり」と呼ばれるもの。声をかけても一心不乱に走り続けるので、「どこかおかしいのかしら?」と心配する飼い主も多いようです。

これは、体の中にたまった、何ともいえない興奮がおさえきれなくなったときに出る行動。子犬は走ってうわずった気持ちを発散させ、ひとしきり走ると、満足して眠ったり、トイレに行ったりします。

基本的には、犬にとって正常な行動なので、そのまま走らせてかまいません。1歳ぐらいまでは、1日1回はすると考えてよいでしょう。ただし、勢い余って壁にぶつかったりしないように、床にカーペットを敷くなどの安全対策はしてください。

Q うちの4か月のゴールデンは、家族が帰宅すると、飛びついて顔をなめるという熱烈な歓迎をしてくれるのですが、このままでいいのでしょうか?

A 犬の飛びつきの多くは親愛の表現ですから、それをつっぱねるのも気が引けるものです。しかし、飛びつきに応えてかまっていると、犬は「飛びつくと遊んでもらえる」と学習し、どんどんエスカレートしていきます。「子犬のころはいいけど、成犬になったらダメ」という理屈は犬には通りませんから、子犬のうちにむやみに飛びつかないようしつけるべきでしょう。とくに大型犬の場合、相手を押し倒してケガをさせてしまうこともあるので、早めに対処すべきです。

飛びつきをやめさせるには、無視が効果的。帰宅の際に犬が飛びついてきても声をかけずに、まず別の部屋で着替えなどをすませます。声をかけるのは犬が落ち着いてから。これを繰り返すうちに犬も「静かにしているほうがいいことがある」と覚え、むやみに飛びつかなくなるはずです。

なお、玄関で軽く「ワン」と吠えて出迎える程度ならまったく問題ありません。飼い主も明るく「ただいま～」と応えてあげてください。

Q 畳をひっかきます。この間はソファの隅を熱心にひっかいていました。何でこんなことをするのでしょうか？

A 犬はもともと土を掘るのが好きな動物です。家の中でも似たような感触のものがあれば、ひっかいて遊ぶのも無理はありません。爪がひっかかるものをほじり、そこにささくれができれば口でかみきって、どんどん穴を大きくしていくでしょう。

　とはいえ、部屋中をボロボロにされるのは困りもの。対処法としては、物理的にひっかく行為ができないようにするのが何よりです。とくに、すでに犬がひっかいてささくれになっているところは再びひっかく可能性が高いですから、畳敷きの部屋には犬を入れないようにする、ソファのささくれの上には物を置くなどして、犬の目にふれないようにしてしまいましょう。

　成犬になれば落ち着きも出てきて、こうした遊びをしなくなるケースは多いものです。しかし、なかにはそのままクセになって続ける犬もいるので早めに対処したほうがよいでしょう。

　基本的に犬は、子犬のころに経験しなかったことを、成犬になってから急に始めることはほとんどありません。将来されて困ることは、環境を整え、はじめから経験させないようにするのがベストです。

Q 生後4か月ですが、人の足にしがみついて腰を振ります。早熟すぎないでしょうか？

A ほかの犬や人、また物などにまたがって交尾の姿勢をとることをマウンティングといいます。これは性的な意味のほか、優位性を示すボディランゲージでもあり、子犬同士の遊びの中でも行われます。

　ただ、人間相手の場合は、優位性を示そうとして行うことはありません。それは〝種〟が違うのであり得ないこと。人間に行う場合は、性的衝動か遊びで行っているかのどちらかです。いずれにしてもその犬が特別早熟なわけではありません。

　性的衝動の場合、片足を上げてマーキング（⬇P77）する、メスを追いかけようとするなどほかにも兆候があります。この場合、しつけでの改善は難しく、何よりストレスが大きいですから、早めに去勢手術（⬇P190）を検討するのが得策でしょう。

　一方、遊びの場合も、放置しているとクセになりますから、やめさせましょう。マウンティングされたら前足を持って離し、犬が落ち着くまで無視してください。しつこいときは部屋を出ていったり、犬をハウスに入れましょう。ほかの犬へのマウンティングもすぐにやめさせること。相手の飼い主の立場になれば当然のマナーです。

Q ウンチを食べてしまいます。うちのコって異常でしょうか？

A 犬がウンチを食べる行動（食糞《しょくふん》）はそれほどめずらしいことではありません。食糞する理由としては、

①ウンチにドッグフードのにおいが残っていたため
②食べ物が未消化のまま出てきたため
③以前ウンチを食べたら飼い主が大騒ぎし、それをかまってもらえたと勘違いして
④おなかの中に寄生虫がいて栄養をとられてしまい空腹を感じて

など、さまざまあります。

　基本的には、排便後すぐに片づけてしまえば子犬が食糞することはできません。その際、「マテ」などと言って制止しようとすると、子犬は取られまいと急いで食べるので逆効果。ウンチをしたらすぐにほめ、少し大きめのおやつをあげてください。そして子犬がおやつに夢中になっている間に手早く片づけましょう。

　なお、食糞の原因が④の寄生虫の可能性もあるので、念のため動物病院で便の検査をしてもらってください。

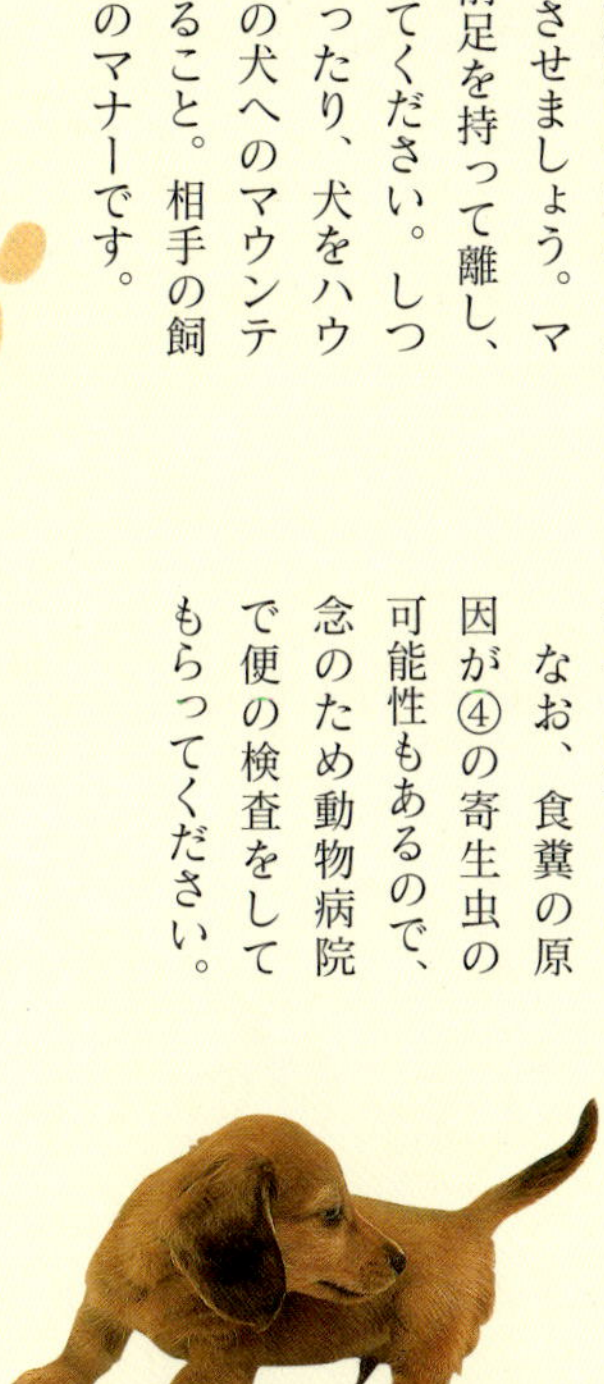

column

Find a good puppy class

パピークラスを探す

最近は犬のしつけ教室も一般的になってきましたが、成犬になって何か問題が起きてから通うよりも、子犬の時期にパピークラス（子犬のしつけ教室）に通うことは、たくさんのメリットがあります。

パピークラスとは？

しつけに対する関心の高い欧米では、多くの飼い主が、子犬を「パピークラス」に通わせています。パピークラスとは、子犬のしつけ教室のことです。

パピークラスでは、「スワレ」や「マテ」などのトレーニングも行いますが、それより重要なのは子犬の社会性をはぐくむこと。生後2～6か月くらいの同年代の子犬が集まり（年齢設定は教室により異なる）、ほかの人や犬とふれあいながら、さまざまな環境に慣れるようにトレーニングしていきます。

また、しつけを行うのはあくまでも飼い主ですから、インストラクターは直接子犬にしつけをするのではなく、飼い主にしつけの方法や考え方を教えます。教室は1週間に一度というペースが一般的です。

パピークラスは、子犬同士のふれあいの場としてもいい機会ですし、飼い主同士のコミュニケーションの場としても最適です。同年代の犬を持つ飼い主が集まりますから、似たような悩みを抱えているケースも多いでしょう。悩みについてはインストラクターにアドバイスを求めることももちろんですが、飼い主同士で話をするだけでも気持ちがラクになるものです。

パピークラスの選び方

パピークラスに限ったことではありませんが、インストラクターによって、犬とのつきあい方やしつけの方法が異なります。犬の行動心理学はまだまだ発展途上の学問なので、しつけについての考え方も進化している途中です。

そんななかで、自分に合ったパピークラスを選ぶには、やはり実際に足を運んで、教室の様子を見たり、インストラクターに話を聞くのが一番です。最初は飼い主だけで行ってみましょう。体罰を行っていたり、威圧的な態度をとるようなトレーニングは家庭犬には必要ありません。教室に集まっている犬や飼い主さんが楽しそうに参加しているところがよいでしょう。複数の教室を見学し、比較検討して自分と愛犬に合う教室を探してください。もちろん見学不可という教室は論外です。

また犬を預けるタイプの委託訓練はおすすめしません。前述しましたが、家庭犬のしつけは飼い主自身がするもの。他人に訓練されても、理想的な家庭犬にはなりづらいでしょう。

なお、パピークラスを含めたしつけ教室は、愛犬雑誌やインターネットなどで情報を得るほか、信頼できる動物病院やペットショップ、ブリーダー、ドッグオーナーなどに聞いてみるとよいでしょう。動物病院やペットショップがしつけ教室を主催しているケースも多いです。

Part 5

快適な共同生活のために

しつけ＆トレーニング

Training

しつけって何?

上手にしつければ犬も飼い主もハッピー

しつけとは、人間と暮らすうえで必要なルールやマナーを教えることです。

上手にしつけられた犬は社会に受け入れられやすいため行動範囲が広がり、楽しいことをたくさん経験できます。「マテ」「オイデ」などの指示語（コマンド）を覚えてくれれば、いざというときに愛犬の身を守ることもできますし、トイレを決まった場所でできれば、日常生活がよりスムーズです。

しつけは、人間にとって都合がいいだけでなく、犬にも安全で快適な暮らしを提供するものです。

しつけは犬とコミュニケーションをとって信頼関係を築くことから始まる。一緒に遊んで絆を深めよう

しつけはゆっくり時間をかけて

犬を飼うと、「しつけをしなくては」と肩に力が入ってしまう人も多いものです。そして、うまくいかないと犬を怒鳴ってしまったり、自分自身が落ち込んでしまったり…。結果的に犬も飼い主もストレスをためてしまいがちです。

しかし、しつけの目的は、快適な暮らしを手に入れるためのもの。急ぐ必要はありませんし、「隣の犬はできるのに、どうしてうちの犬はできないんだろう」などと悩む必要もありません。それぞれの家庭環境と愛犬の個性に合わせて、必要なことを、ひとつひとつゆっくり教えていけばよいのです。

家庭犬としてのしつけが身につくと、犬も人も快適に生活でき、お互いがハッピーに

教える項目には優先順位がある

「スワレ」や「マテ」などの指示語（➡P122）は成犬になってからトレーニングしても無理なく覚えられます。しかし、PART4で紹介した日常生活のマナーや社会化については、なるべく早めにトレーニングを始めましょう。一度身についた生活習慣やクセ、恐怖心・警戒心などを、成犬になってから改善するのは時間がかかるからです。

子犬のときに指示語のトレーニングを並行して行うことは問題ありませんが、そちらに力を入れすぎて、基本的な生活マナーのしつけがおろそかにならないように何から教えるべきか、よく考えてしつけを行いましょう。

しつけに必要なもの

愛情

当たり前すぎて忘れがちなのが、犬への愛情。しつけは、優秀な犬を育てることが目的ではなく、愛犬と家族の幸せのために行うもの。

コミュニケーション

まずは遊びやスキンシップを通して、楽しい時間を共有することが大事。犬に好かれる飼い主になれば、犬はおのずと言うことを聞いてくれるようになる。

家庭ごとのルール

都会に住む犬と田舎に住む犬とでは、ルールが違うもの。家族構成や生活スタイルによっても、何を教えるか、どのレベルまでマスターさせるかが違ってくる。家族でよく話し合ってルールを決め、家族全員が共通認識を持つこと。

ほめること

犬に何かを教えるときは、「犬がいい行動をするように導き、それができたときにほめる」という陽性強化法がわかりやすい。犬が本当に喜ぶ方法でほめてあげると、上達も早い（➡P116）。

はっきりした態度

首尾一貫した態度が大事。同じことをしても、昨日はよくて、今日はダメというあいまいな態度では、犬に伝わらない。

心の余裕

ものを覚えるスピードは、犬によって違うもの。ほかの犬と比べたり、あせったりするのは×。トレーニングは緊張しながらではなく、楽しみながら行いたい。

しつけに必要ないもの

上下関係や服従関係

飼い主は犬をうまく導いてあげればいい。上下関係を作ろうとしたり、服従させる必要はないし、威圧的な態度や力ずくで言うことを聞かせても意味はない（➡P118）。

体罰

「愛情のある体罰は体罰ではない」、「しつけには必要なときもある」などと言う人もいるが、体罰は犬に恐怖心を与えるだけで、信頼関係を崩壊させるという大きな弊害も。家庭犬のしつけには不要（➡P118）。

素人には使いこなせないしつけ道具

たとえば首輪のひとつであるチョークカラーは技術のある訓練士向きで、一般の飼い主が使うと犬の首を締めつける危険も。基本的に家庭犬のしつけに特別な道具はいらない。もし、そういう道具を使うなら、必ずプロの指導を受け、使い方をきちんとマスターすること。

Training
ほめて楽しくしつけよう

犬の学習のしくみ

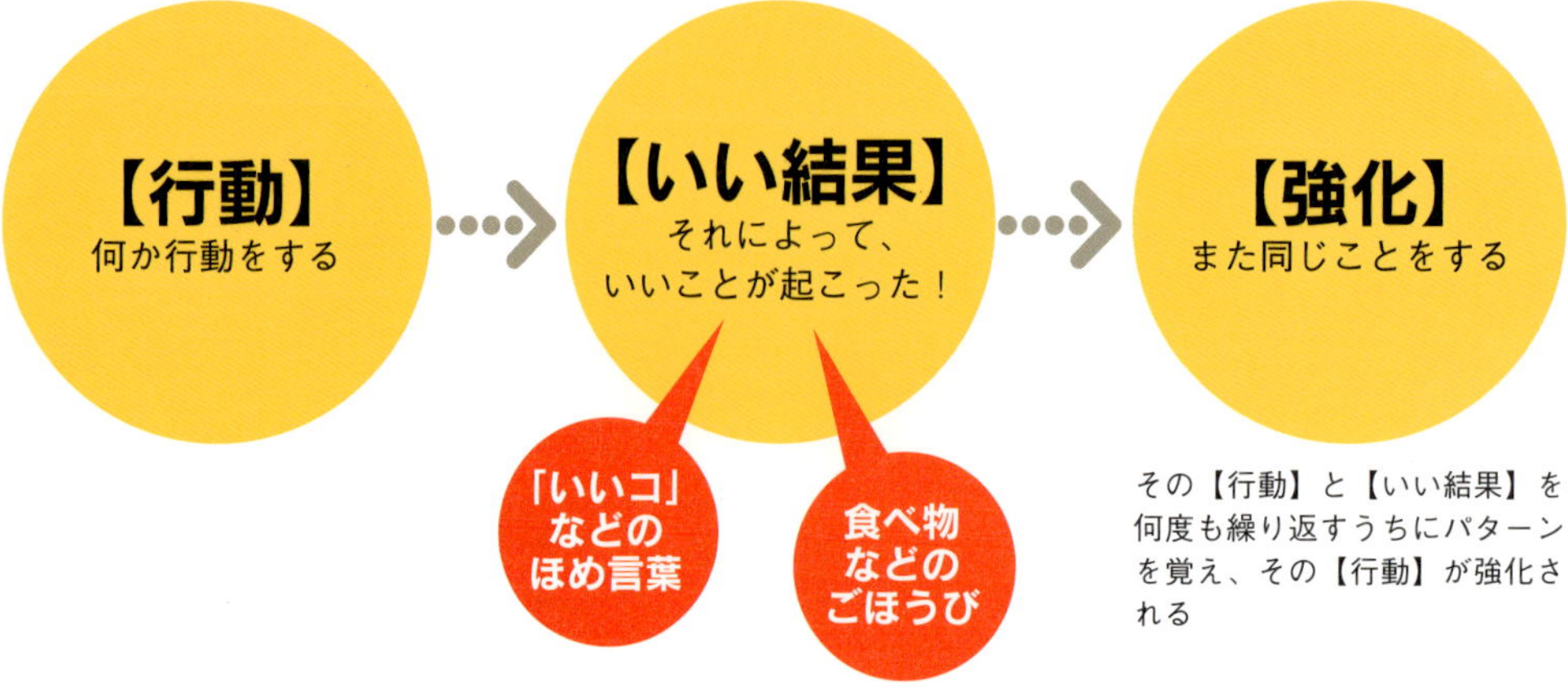

【行動】
何か行動をする
【いい結果】
それによって、
いいことが起こった！
【強化】
また同じことをする
「いいコ」
などの
ほめ言葉
食べ物
などの
ごほうび

その【行動】と【いい結果】を何度も繰り返すうちにパターンを覚え、その【行動】が強化される

「ほめ言葉」のいろいろ

- いいコ
- グッド
- オリコウ　など

ほめ言葉は、犬が聞き取りやすい短い言葉で統一。家族全員で同じ言葉を使おう。

「ごほうび」のいろいろ

●おやつ　●ドッグフード　●おもちゃ　●なでられること　●飼い主と遊ぶこと　●抱っこ　●散歩　●ほかの犬と遊ぶこと　など

犬が喜ぶものなら何でもごほうびになる。逆に一般に犬が喜ぶもの、たとえば食べ物やなでられることも、その犬にとってうれしいことでないなら、ごほうびにはならない。日頃からよく観察し、愛犬にとってのごほうびを見つけておこう。

ほめ上手になって犬の能力を引き出そう

効果的にほめることは、犬のやる気を引き出し、しつけにとても有効です。たとえば、「スワレ」の姿勢になったときにほめられれば、犬は「座ればいいことがある！」と覚え、繰り返し「スワレ」をするようになります。同様に、来客の前で「スワレ」をして、ほめられれば、以後、来客の前で吠えたり、飛び跳ねたりするよりも、積極的に座るようになるでしょう。もちろん1回で覚えるわけではありません。何度も同じことを繰り返すうちに学習していきます。

最初からほめ言葉を理解しているわけではない

とはいえ、ある日突然「いいコ」と言われても、犬には何のことだかわかりません。「ほめる、ほめられる」を人と犬との間で成立させるには、まず犬に「ほめられるといいことがある」ということを教えなくてはなりません。

そこで、必要になるのが、ごほうび。

効果的なほめ方・ごほうびの与え方

望ましい行動をしているときにほめる

犬が何をほめられたのか理解できるように、望ましい行動をしている最中、もしくは望ましい行動をとったらすぐにほめる。犬がほかの行動に移ってからほめると、そのときの“別の行動”をほめられたと思ってしまう。

当たり前に思える行動をほめる

来客の前で静かにしていたり、散歩のときに横について歩いているときなど、それが飼い主にとって都合のいいことなら、きちんとほめる。

ごほうびを使い分ける

「好きなものランキング」を作り、難しいことを教えるときには、より魅力的なごほうびを与える。また、新しいことを教えるときは毎回ごほうびを与え、身についてきたらときどき与えるようにする (➡P137)。

食べ物は少量ずつ与える

ごほうびとして1回に与える量は、普段食べているドライフード1個分が目安。また、おやつを使う場合は、1日に必要な摂取カロリーの10%以内にとどめる。

落ち着いている状態をほめるときは、犬を興奮させてはては意味がないので、穏やかに声をかける、背中をそっとなでるなど、その犬が少し喜ぶぐらいのほめ方を選ぼう

フードの与え方

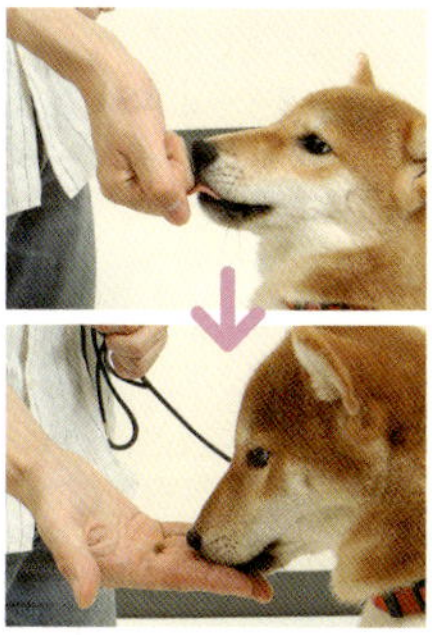

見えないようにグーで握ったフードを、そっと開いてパーで与える。指でつまんで与えるとかまれることがある。

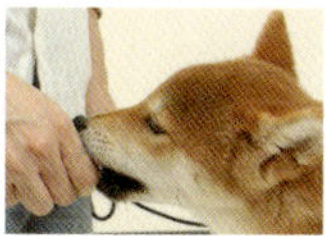

同じ状態をキープさせたいときは、少し大きめのフードを握り、はみ出ている部分をなめさせるといい。ガムなどを少しずつかじらせてもOK。

ほめ言葉のあとに毎回ごほうびを与えていると、「ほめ言葉＝いいことが起こる」とパターンを覚え、やがて犬はほめ言葉を聞くだけでうれしくなっていきます。食べ物だけがごほうびではありません。犬が喜ぶもの・喜ぶことなら、何でもごほうび。愛犬をよく観察して、ごほうびを見つけておきましょう。

さて、犬がほめ言葉を理解してきたら、次はごほうびを減らしていきます。最終的には、飼い主のほめ言葉が一番のごほうびになるのが理想です。ただし、新しいことを教えるときや、難しいことをさせるときには、食べ物などのごほうびも与えたほうが効果的ですし、完全に覚えたことでも、ときどきはごほうびを与えたほうが、犬のやる気を持続できます。

ほめ言葉とごほうびを上手に使い、楽しくしつけをしましょう。また、言葉でほめることは、一生続けてください。

Advice

ほめ言葉をより早く理解させる方法

犬がおもちゃで遊んでいるときなど、楽しいことをしているときに、「いいコ」などと声をかけていると、その言葉がいい印象としてインプットされる。また、ほめ言葉を理解させる集中トレーニングとして、「いいコ」などの言葉のあとに、毎回おやつをあげるなど犬が喜ぶことをすることも有効。

正しい叱り方…？

ちょっと待って！ 叱る前にここをチェック

□ 叱らずにすむ環境を作っている？

イタズラされそうなものを片づけたり、犬を見ていられないときはハウスに入れるなど、あらかじめ叱らずにすむ環境・状況を作っておくことが大事。

□ 難しいことを要求していない？

家の中でしか「スワレ」の練習をしていない犬に、いきなりほかの犬がいる公園で「スワレ」をさせようとしても無理な話。少しずつ着実に教えてあげよう。

□ 愛犬の体調は悪くない？

いつもは吠えない犬が吠えたり、急にそそうしたりする場合、病気やケガが原因ということも。

□ 飼い主さん、疲れてない？

仕事で疲れていたり、別のことが原因でイライラしているときに、つい感情的に叱ってしまうことはないだろうか？　その日の気分で犬を振り回さないこと。

Advice

叱った理由をチェックしてみよう

1日何度「ダメ」などの叱る言葉を発したか、その回数とそれぞれの理由を書き出してみよう。さて、その中で本当に犬が悪くて叱ったことは、いくつあっただろうか？　書き出した内容を元に、自分自身の行動や生活環境を見直すきっかけにしよう。そのうえで解決法がわからないというのであれば、プロに相談を。

叱って教えることは難しい

部屋のものをかじったり、やたらと吠えたり、そそうをしたり…。このような場面に直面すると、ついイライラして叱りたくなるものです。でも、それらの行動を「イケナイ！」「ダメ！」などと叱っても犬にはなかなか理解できません。なかには「ダメッ！」と強く言われても、声をかけられたことがうれしくてはしゃいだり、逆に大きい声に驚いてオシッコをもらしてしまう臆病な犬もいます。

効果的に叱るには、必要かつ十分な強さでなくてはなりませんが、それは犬によって異なります。強すぎれば恐怖心を与え、弱すぎれば効果がありません。叱るということは、とても難しいのです。

それに、叱ることでその場の行動をやめさせることができたとしても、それだけでは不十分です。なぜなら犬は、今度同じ場面でどうすればいいのかを学んでいないから。きっと、また同じことを繰り返してしまうでしょう。

犬のしつけの基本は、してはいけない

叱ることが難しい理由

叱るだけでは「望ましい行動」を教えられない

　叱ることで、そのときは「イケナイ行動」をやめるかもしれないが、それだけで終わると、また同じことを繰り返してしまう。とくに飼い主の前ではやらなくても、飼い主がいないときに同じことを繰り返す犬も多い。

犬が無気力になる

　なぜ叱られているかわからないまま叱られ続けると、犬は「何をやっても叱られる」と考えるようになり、無気力になっていく。

叱られることに慣れてしまう

　大きい声や音で驚かせてやめさせる方法をとっていると、だんだん慣れてきてしまい、より大きな音にしないと効果がなくなってくる。

犬と飼い主の関係を崩壊させる

　普段はよく遊んでくれる飼い主でも、叱ることも多ければ、犬は「好き」と「怖い」の間で混乱する。また、「怖い」という感情が少しでもあれば、飼い主を本当に信頼できず、それまでの関係がくずれてしまうことも。

ことを教えるのではなく、何をすればよいのかを犬に教えること。ですから、叱る場合には、そのあと必ず同じ場面で、次はどうすればよいのかをきちんと教えてあげることが必要です。

叱らずにすむ環境を整えることが大事

　叱ることを先に考えがちですが、本来は、叱らずにすむ環境を整えることのほうが大切です。部屋を片づけたり、きちんと犬の行動を管理して、イタズラや失敗を未然に防ぐ努力をしましょう。

「ダメ」「コラッ」「ノー」という言葉は、極力使わないようにしたいものです。使うにしても、その場の行動をおさめるために冷静にひと言「ダメ」などと言えばよいのです。叱るというよりは、制止するための指示語と考えましょう。怒りを込めた厳しい口調や表情は、犬を萎縮させすぎたり、逆に反抗的にさせてしまうことがあります。

　もちろん体罰は厳禁。言うことを聞かないとあとで嫌なことをされるから仕方なく聞くというのでは、毎日の生活がつらくなるだけです。

　しつけは、お互いが、より幸せになるために行うもの。しつけの過程も、楽しむべきです。

「イケナイ行動」をやめさせる方法

方法1 大きい声を出す

「ダメ」「ノー」などと大きな声を出して制止させる。犬がびっくりして、一時的に動作をやめる程度のインパクトが必要。言葉と同時に手を叩いたりして大きな音を出すことが効果的な場合もある。「ダメ」や「ノー」の言葉は、今やっている動作をやめさせるための指示語なので、この指示語で犬がその動作をやめたら、すぐに正しい動作を教え、ほめることが大切。ただし、犬によっては直接声をかけられることがうれしくて、まったく効果がないこともある。

冷静にひと言だけ言う。怒鳴ったり、ヒステリックに「ダメ、ダメ、ダメー」などと連呼するのも×

方法1で効果がない場合は、次の2つの方法が効果的です。

方法2 天罰式の罰を与える

犬にばれないように大きな音をたて、犬をびっくりさせて今やっている動作をやめさせる方法。まさに“天から降ってきた罰”と思わせるのがポイント。ただし、この方法も犬が動作をやめるだけの大きさがなければ意味がないので、愛犬が、どの程度の音でびっくりするのか事前にチェックしておく必要がある。この方法は、犬がイタズラしそうなときや、立ち入ってほしくない場所に入りそうなとき、ハウスの中で吠えているときなどに有効。

飼い主がやっていることを悟られないように、コインや小石などを入れた缶をジャラジャラ振ったり、犬の近くに投げる。缶を投げるときは犬に直接当たらないように注意

方法3 無視する

食事や散歩をせがんで吠える、かまってほしくて飛びつくなど、飼い主に何かを要求しているときは、徹底的に無視することが有効。体にもふれず、目も合わせないこと。無視を始めると一時的にその動作がひどくなることがあるが、その後にパッタリとおさまることが多い。

部屋を出ていき、犬をひとりにさせるのが一番効果的

絶対にやってはいけない叱り方

下に紹介するのは、よくいわれる叱り方ですが、いずれも行動学的根拠はなく、とても危険な方法。こういう叱り方を続けたばかりに、信頼関係を損ねたり、犬にかまれるなどの事故が起こっています。

マズルをつかむ

「オオカミの上下争いでは、強い者が弱い者のマズルをかんで決着をつけるので、そこをつかめばおとなしくさせられる」という理由で語られることが多いが、これは間違い。そもそもマズルは敏感な部分なので、絶対に傷つけないとわかっている相手にしかさわらせない。無理やりさわったところで、服従心も信頼関係も生まれない。

首の後ろをつかんで持ち上げる

オオカミの母犬が子犬の首を口でつかむことがあるが、それは外敵に襲われそうなときに急いで逃げるため。決して叱るために首の後ろをつかんだりはしない。

仰向けにしておなかを出させる

犬がおなかを見せるのは確かに「服従のポーズ」だが、それはあくまでも自分からおなかを見せる場合。嫌がっている犬を無理やり仰向けにしても意味がない。

体罰

「なぐる」、「蹴る」、「叩く」はもちろん、「つねる」、「お尻を平手で叩く」、「頭をコツンと叩く」というのもすべて体罰。仮に体罰でおさえつけられたとしても、そこに信頼関係はない。

こんな叱り方をしているとどうなるか？

上記のような叱り方をしたとき、犬がとる行動は、おもに次の3パターン（3つの「F」）に分かれる。

Freeze 固まる

固まって動かなくなる。この様子を見て、「服従させることができた」と勘違いする人も多いが、犬は恐怖を感じ、自分の身を守るために抵抗しなくなっているだけ。こういう状況が繰り返されると、犬は無気力になっていく。

Flight 逃げる

自分も傷つきたくないけど、相手も傷つけたくないので、その場から逃げるという方法をとる。こういう状況が繰り返されると、つねにビクビクした犬になり、飼い主のそばには近づかなくなる。

Fight 攻撃する

犬は攻撃に出る前に、うなり声をあげるなどして警戒のサインを出す。でも、相手がそれを無視し、犬も逃げ場がなければ闘うしかなくなる。そして、最後の手段としてかみついてしまうケースも。

※今回のモデル犬は監修者である矢崎氏の愛犬であり、十分に関係ができているうえで、さらにごほうびを用いながら、ストレスをかけないように撮影しています。皆さんは絶対にまねしないでください。

Training

暮らしに役立つトレーニング

トレーニングのポイント

1 最初は首輪とリードをつけて練習する

トレーニング中に犬が離れていかないように、室内で練習するときも最初は首輪とリードをつける。リードはつねにたるんだ状態をキープすること。

2 指示語（共通の言葉）は統一する

「スワレ」「オスワリ」「シット」…。どれを使ってもいいが、家族がバラバラの言葉を使っていると犬が混乱するので、統一すること。また、指示語は1回だけ。連発しないこと。

3 難易度の低いことから始める

トレーニングは「失敗させない」ことが上達の早道。そのためには簡単にできそうなことから始め、少しずつステップアップしていく。最初は家の中の落ち着いた場所で始め、確実にできるようになってから場所などを変える (➡P137)。また新しいことや難しいことに挑戦するときは、とっておきのごほうびを用意しよう。

同じ「マテ」のトレーニングでもまずは家の中で完璧にできるようになってから、外でも練習を

「共通の言葉」を教えれば日常生活はもっと快適に

「スワレ」の音で犬のお尻が床に着くということを犬も人も認識できていれば、それはお互いに「共通の言葉」を持っているということになります。このような「共通の言葉」がたくさんあれば、日常生活はよりスムーズになり、コミュニケーションの幅が広がります。また、愛犬を事故から守ったり、問題行動を軽減することにも役立ちます。

たとえば、大好きな人が近づいてきて犬が興奮しているとき、「スワレ」の指示を守ってくれれば、相手への飛びつきを防ぐことができ、落ち着いた状態であいさつできます。万が一リードが手から離れてしまったときは、「マテ」で止まれれば事故を防げるかもしれません。

家庭犬に必要なトレーニング

飼い主と犬との「共通の言葉」は、作ろうと思えば無限に作れます。本章ではベーシックな「スワレ」「フセ」「マテ」

生活の中にトレーニングを取り入れた例

- 朝晩、飼い主が歯みがきをする間「マテ」の練習をする
- 犬の食事を準備したら「オイデ」で呼び寄せる
- 食事の前に5粒のフードを使って、「スワレ」と「フセ」の練習をする
- 散歩途中の公園で、5分間日替わりのトレーニングを行う
- 散歩途中の信号待ちで「スワレ」をさせる
- 散歩中にしたウンチを取る間「スワレ」をさせる
- ボール遊びをするときに「オイデ」で呼び寄せ、遊びを始める前に「フセ」をさせる
- メールをチェックする間「フセ」をさせる
- 電話をしながらリラックス・トレーニングをする
- 家族の食事中にハウス・トレーニングをする
- 夜のニュースを見ながら、リラックス・トレーニングをする

4 必ず成功したところで終わる

練習の最後は、成功したところで、ほめて気分よく終わらせると、次への意欲が高まる。失敗が続いたり、犬が混乱してきたら、確実にできるところまで戻って、自信を取り戻させてから終わる。

5 飼い主自身がトレーニングを楽しむ

トレーニングも、犬と飼い主とのコミュニケーション。飼い主が楽しみながら行えば、犬にもその楽しさが伝わり、トレーニングに意欲的になるはず。うまくいかなくても叱ったり、イライラした態度をとらないこと。

6 生活や遊びの中で短時間のトレーニングを繰り返す

長時間トレーニングを続けると犬が飽きてしまい能率が悪くなるので、短い練習を1日に何度か行うようにする。子犬なら1回のトレーニング時間は、長くても5分程度。また、ある程度トレーニングが進んだら、左のように、毎日の生活や遊びの中にトレーニングを組み込み、身についているか確認していこう。

「オイデ」の4つのトレーニング方法を紹介していますが、これらをマスターしたら、ゲーム感覚でほかの言葉もたくさん教えてあげるとよいでしょう。大好きな飼い主に何かを教えてもらうということは、犬にとって苦痛ではなく本来楽しいことです。

また、「共通の言葉」以外にも、いくつか教えておきたいことがあります。それは、犬と飼い主との関係（リレーションシップ）を学ばせる「コンタクト・トレーニング」、ハウスの中でおとなしくしていられる「ハウス・トレーニング」、飼い主の足元で落ち着いていられるようにする「リラックス・トレーニング」の3つです。これらは、犬と暮らすうえでとても役立つものです。本章でトレーニング方法を紹介していますので、ぜひトライしてみてください。

トレーニング 1

Contact コンタクト

犬が何かをしたいときに飼い主に許可をもらうことを習慣づけるトレーニング。飼い主が、頭を使って主導権を握るという意味でも重要なトレーニングになります。

1

口で変な音や声を出し、飼い主を見るように誘う。

2

目を見たら、ほめ言葉をかけて、ごほうびのフードをあげる。1〜2を10〜20回繰り返し、まずは飼い主の目を見るといいことがあると教える。

こんなときに役に立つ

◎勝手な行動を予防したいとき

このトレーニングをマスターすると、ほかの犬と遊びたいとき、においをかぎたいとき、目の前のものを食べたいときなど、あらゆる場面で、まず飼い主に許可を求めるようになります。つまり、犬の勝手な行動や急な飛び出しなどを予防でき、結果として、愛犬を事故などから守ることもできます。

◎飼い主が主導権を握りたいとき

犬と生活するうえで、飼い主が主導権を握ることは大事なこと。さまざまな場面でこのトレーニングを行えば、自然と飼い主が主導権を持てるようになります。

トレーニングのポイント

あくまでも犬が自発的に見ることが大事。最初はなかなか注目しないかもしれません。でも、根気よく待ちましょう。犬に考える時間を与えてください。

犬が自発的に見るようになったら、今度は「名前を呼んだら飼い主に注目する」ことを教えます。トレーニング方法は上記とほぼ同じ。先に犬の名前を呼び、飼い主の目を見たらほめてあげましょう。

3

フードを握った手を自分の体から遠いところへ持っていく。犬はフードに注目するが、いくら見てももらえないので、どうすればもらえるか考える。

4

そのうち偶然に飼い主の目を見る。

5

犬が飼い主の目を見たら、ほめ言葉をかけて、フードを与える。3～5を繰り返すうちに、「何かほしいときは飼い主の目を見ればいい！」と覚える。

STEP UP1 食事を使ってトレーニングする

リードを短く持ち、フードを入れた食器の近くに座る。犬が飼い主の目を見たら（許可を求めてきたら）、すぐに言葉でほめ、許可を出して、食器のフードを食べさせる。リードなしでも、目を見て許可を求めるようになったら完璧。

STEP UP2 日常のさまざまな場面でコンタクトをとらせる

たとえば、ドアの出入り前や、公園に入る前、においをかぐ前、排泄する前など。散歩中に遊び仲間の犬が近づいてきたときも、犬が飼い主の目を見るまでは遊ばせない（はじめのうちはヒントとして名前を呼んでもOK）。見なかったらその日は遊ばせずに帰る。「コンタクトをとる→飼い主が許可を与える→望みが叶う（＝ごほうび）」というパターンを習慣づけて、飼い主に主導権のある関係を作ろう。

トレーニング 2

Sit スワレ

「スワレ」は、犬を落ち着かせたいときにとても役立つ指示語。指示の言葉はほかに、「オスワリ」「シット(Sit)」など。

1

フードを握った手を鼻先に近づけ、においをかがせて十分に興味をひきつける。

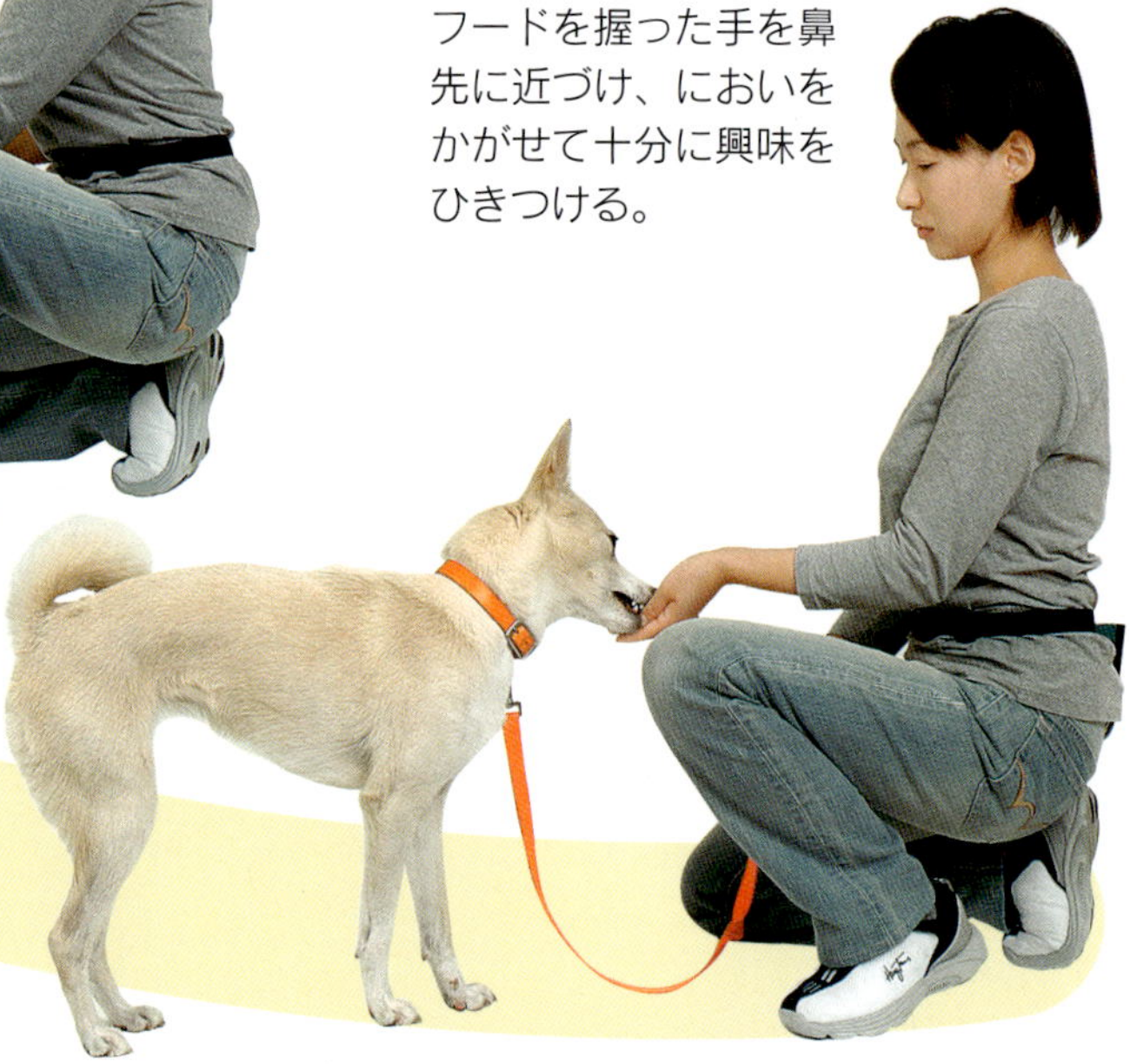

2

フードを持った手を少し上に移動すると、犬の頭が上がり、自然とお尻は下がる。

こんなときに役に立つ

◎犬を落ち着かせたいとき

「スワレ」は、人で言えば深呼吸のようなもので、落ち着いてほしいときに使います。玄関から出るときや、来客が部屋に入ったとき、飼い主が帰宅したときなどに「スワレ」をさせることができれば、必要以上に吠えたり、動き回るといったことをさせずにすみます。

トレーニングのポイント

「スワレ」の姿勢自体は、犬が普段からよくとっている、ごく自然な姿勢。これを「スワレ」という言葉とうまく結びつけられるかどうかがポイントになります。上記のようにフードを使ってトレーニングしつつ、普段の生活の中でも、犬が偶然に座った場面で、「スワレ」と言ってほめていると、より早く覚えられるでしょう。

5

座ったらほめ言葉をかけ、逆の手からフードを与える（あらかじめ握っておく）。❹～❺を繰り返し、スムーズにできるようになったら、言葉だけで「スワレ」の指示を出し、うまくできたらポケットなどからフードを与える。

4

手を上げると座るようになったら、先に「スワレ」と言葉をかけ、左手にフードを持たずに手を上げる。手を上げることも、スワレの指示となる。

3

お尻が床に着いた瞬間にほめ言葉をかけ、ごほうびのフードをあげる。❶～❸を繰り返し、まずは手が上がってから座るといいことがあると教える。

STEP UP 解放の指示を教える

最終的には、解放の指示があるまで「スワレ」の姿勢でいられるようにしたい。犬にスワレをさせ、ごほうびをあげたら、「OK」と言葉をかけて解放する。犬が自然に動くように、犬の後ろに向かって歩き出すといい。「OK」は自由にしていいという指示語なので、無理にリードを引っぱるのは×。

NG 誘導する手の位置は高すぎても、低すぎてもダメ

高すぎると犬が立ち上がろうとしてしまう。犬の顔が上がれば自然にお尻は下がるので、そんなに高い位置に動かす必要はない。

トレーニング 3

Down フセ

人に威圧感を与えず、犬自身もリラックスできる「フセ」は、カフェでの定番スタイル。指示の言葉はほかに「ダウン（Down）」など。

1 犬に「スワレ」をさせたら、鼻先にフードを持った手を近づけ、においをかがせて十分に興味をひきつける。

2 フードを持った手を犬の鼻先から真下に持っていき、犬の頭が下を向くように誘導する。

こんなときに役に立つ

◎長時間犬を待たせるとき

犬とレストランやカフェに行くときや、散歩の途中で立ち話をするときなど、長時間おとなしく待たせたいときに役立ちます。犬にとってもリラックスできるラクな姿勢。大きい犬でもフセスタイルなら、他人やほかの犬に威圧感を与えず好印象です。

◎吠えグセをやめさせたいとき

「フセ」をしながら吠えるのは体勢的に難しいので、「フセ」のトレーニングを強化して、いつでもどこでもフセができるようにすれば、むだ吠えの軽減につながります。

トレーニングのポイント

「フセ」は体を低くし、とっさには動きづらい体勢なので、臆病な犬はマスターするのに時間がかかるかもしれません。また、気が散るような場所では非常にとりづらい体勢なので、最初は、とくに静かで落ち着ける場所でトレーニングしましょう。

また、「スワレ」と「フセ」のトレーニングは似ているので、同時に練習すると混乱の元。「スワレ」が確実にできるようになってから、「フセ」の練習をしましょう。

なお、上記の方法でなかなかフ

5

フセをしたらほめ言葉をかけ、逆の手からフードを与える。❹〜❺を繰り返し、スムーズにできるようになったら、言葉だけで「フセ」の指示を出し、うまくできたらポケットなどからフードを与える。

3

犬の前足のひじが床に着いた瞬間にほめ言葉をかけ、ごほうびのフードをあげる。❶〜❸を繰り返し、人の手が下がったときにフセをするといいことがあると教える。

4

手を下げるとフセをするようになったら、先に「フセ」と言葉をかけ、左手にフードを持たずに手を下げる。手を下げることもフセの指示となる。

NG

無理やりフセの姿勢にしないこと

「フセ」は信頼関係があるからこそできる姿勢。できないからといって、背中を押したり、嫌がっている犬の前足を持って引っぱるなど、強引に「フセ」の形にしないこと。

セの姿勢をとらない場合は、ヒザの下をくぐらせて教える方法もあります。はじめはヒザを高く上げて、くぐれたらごほうびをあげます。慣れてきたら、ひざを低くしていき、自然にフセの体勢になったら、ほめ言葉をかけて、ごほうびをあげてください。上手にフセの体勢がとれるようになったら、もう一度上記の方法で練習し、「フセ」の言葉と動きを結びつけられるようにしていきましょう。

Wait マテ

「マテ」は、とても難しいトレーニング。1秒または1歩ずつ、確実にマスターしていきましょう。指示の言葉はほかに「ウエイト（Wait）」など。

1

リードを持つ手に、ごほうび用のフードをたくさん入れておき、もう一方の手は指示を出す手なので、何も持たずに空けておく。犬にスワレをさせる。

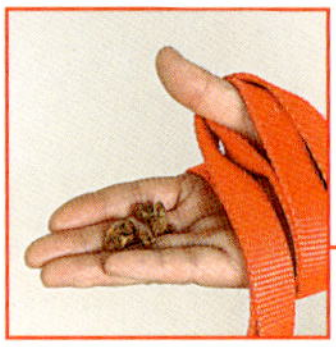

2

犬の動きを制するように手のひらを犬に見せながら、「マテ」と声をかける。

こんなときに役に立つ

◎犬の行動をやめさせるとき

犬が玄関から飛び出そうとしたり、危険な場所に入りそうになったときなど、緊急時に犬の動きを制止することができます。また、飼い主が手に何かを持っていて近寄られたくないときなどにも、「そこでじっとしていて」という指示になります。

飛びつきなど、困ったクセが出そうになったときにも役立ちます。

トレーニングのポイント

とにかく犬が動く前に、ごほうびを与えたり、飼い主が戻ることが大事。時間や距離をのばすことを急ぐと、失敗する確率が高くなります。

また、しっかり身につくまでは「マテ」と「オイデ」はセットで練習しないこと。なぜなら「マテ」が落ち着いて待つことではなく、走るための準備、つまり運動会の「ヨーイ、ドン」の状態になってしまうからです。犬は早く動きたくてお尻をウズウズさせ落ち着きをなくし、失敗する確率も高くなります。

3

一瞬でも待てたら、ほめながら手の中のフードを１粒あげる。またすぐに❷のように「マテ」のサインを出す。これを繰り返しながら、数秒ずつ待つ時間をのばしていく。

4

切りのいいところで「OK」と言って解放する（➡P127）。

STEP UP 距離をのばす

目の前で待てるようになったら、「マテ」の指示を出しながら1歩下がり、すぐに戻ってごほうびを与える。これを繰り返しながら、2歩、３歩と少しずつ距離をのばしていく。解放の指示を出すときは必ず犬のところまで戻り、「待っていたら、必ず戻ってきてくれる」と犬を安心させること。距離が広がれば不安になるので、犬の表情をよく見て、失敗しないように着実に進めていこう。

NG フードを落とさないこと

フードをたくさん持っていると、はずみで落としてしまうことも多い。犬が落ちたフードを食べられることを学ぶと、「マテ」をさせたときに下を見るようになりやすいので気をつけよう。

トレーニング 5

Come オイデ

いつ呼ばれても喜んで来るように、「行けばいいことがある」と教えてあげましょう。指示の言葉はほかに「コイ」「カム（Come）」など。

2

「オイデ」と言いながら、フードを握った手で誘導し犬を呼び込む。犬が来たら、しゃがみながらフードを握った手を胸元へ引く。

1

リードをつけて犬を自由にさせる。

こんなときに役に立つ

◎犬を呼び寄せるとき

食事や散歩のとき、一緒に遊びたいときなど、「オイデ」のひと声で犬のほうからやってくれば、飼い主はラクチン。また、万が一、屋外でリードが外れてしまったときも、「オイデ」で確実に呼び戻せれば安心です。

トレーニングのポイント

犬がほかのことに夢中になっているときや、刺激の多い場所で呼び戻しをするのは難しいもの。最初は「飼い主のもとへ行けばいいことがある！」と強く思わせるだけの魅力的なごほうびを用意し、静かな環境で必ずリードをつけてトレーニングしましょう（距離をのばすときはロングリードを使用）。

また、「オイデ」にはいい印象を持たせたいので、無理やりリードで引っぱらないように。普段から、散歩や食事など犬が好きなことをするときには「オイデ」で呼び寄せ、爪切りやシャンプーなど犬が苦手にしていることをするときは、使わないようにしましょう。

STEP UP 首輪を先につかむ

「オイデ」ができるようになったら、最後の首輪をつかむタイミングを早くする。ほめ言葉をかけたらすぐに首輪をつかみ、そのあとにフードを与える。こうすることで、首輪をつかまれることへの抵抗を、より少なくしていく。

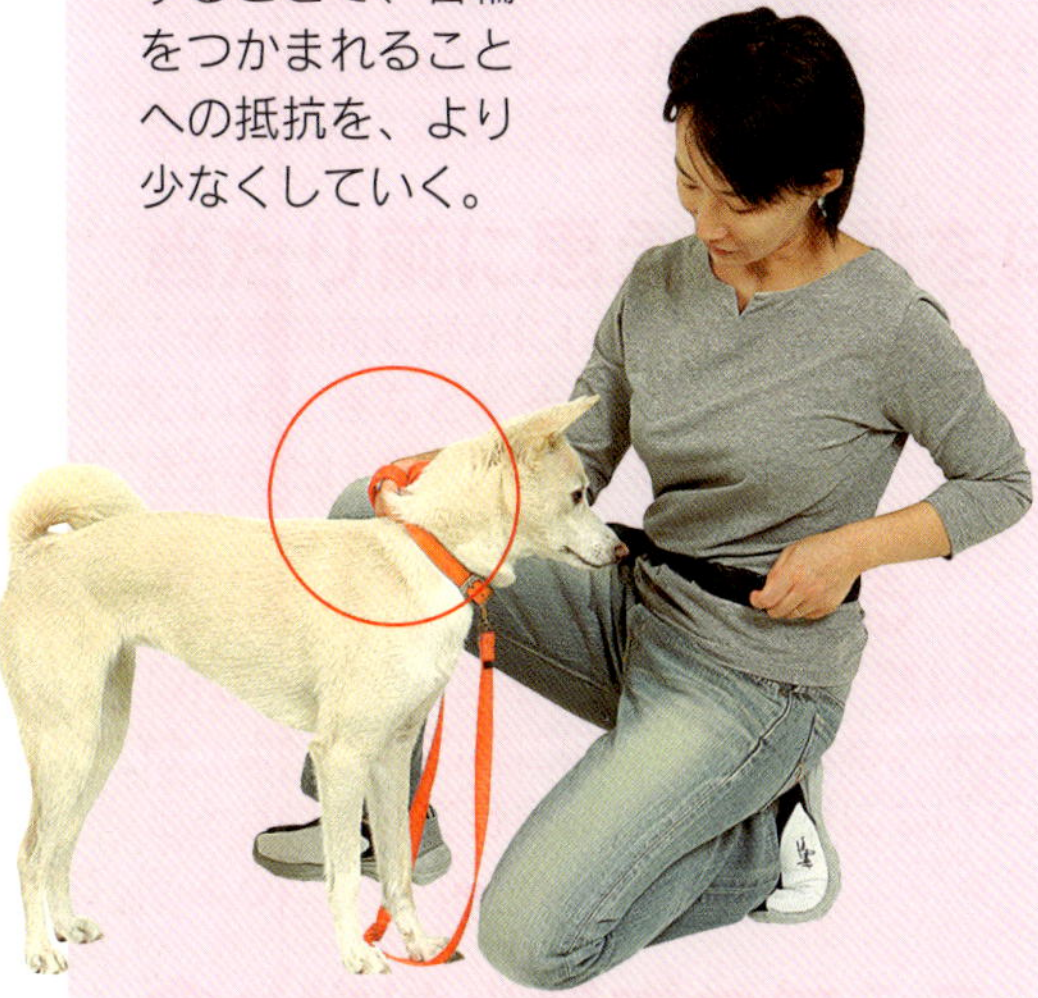

3 しっかり胸元まで来させて、ほめ言葉をかけ、ごほうびのフードを与える。フードはやや大きめのものを用意して、犬になめさせておく。そのまま首のあたりをゆっくりなで、さらに首輪をつかむ。首輪をつかむのは、近くまで来ても、つかまると思って逃げてしまう犬が多いため。首輪をつかむところまでが「オイデ」だと教える。

NG

呼び込んだときにおおいかぶさらないこと

普通、犬は上から来るものには恐怖を感じる。最初に無用な恐怖を与えると、トレーニングもしづらくなる。とくに小型犬の場合は注意。

手をのばしてごほうびをあげない

中途半端な位置でごほうびをあげると、犬はそこまでしか来なくなる。しっかり胸元まで来ることを教えないと、いざというときに近くまで来ても、すぐに逃げられてしまうことも。

トレーニング 6

House ハウス

室内犬でもハウスに慣れることはとても重要。留守番のときだけでなく、ペットホテルに預けるときや災害避難時など、さまざまな場面で役立ちます。

1 ハウスの中にフードをまいて、扉を閉める。フード入りのハウスを犬に見せて、興味をあおる。

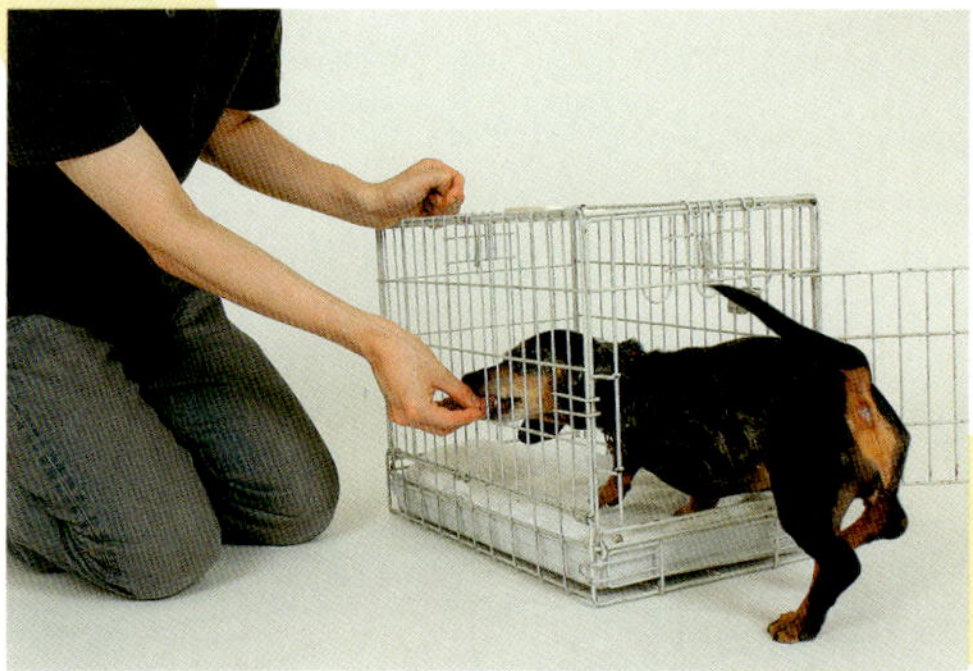

2 十分にじらしてから扉を開ける。たいていの犬は喜んで入っていくが、自分から入らない場合は、ハウスの網越しにフードを与え、奥へ誘導する。

3 体が完全に入ったら、前からフードを与えて向きを変えさせる。そのままフードを与え続け、ハウスの中にとどまらせる。出たり入ったりを繰り返し、すぐに入るようになったら、「ハウス、いいコ」とほめてあげる。

こんなときに役に立つ

◎犬自身がひとりになってリラックスしたいとき
◎しつけのできていない犬を監視できないとき
◎留守番をさせるとき
◎犬嫌いの客が訪れたとき
◎愛犬が苦手にしている人が訪れたとき
◎犬が何かを怖がっているとき（落ち着けるハウスは避難場所となる）
◎興奮しすぎて落ち着かないとき
◎車や電車で移動するとき
◎ペットホテルや旅行先、他人の家など、自宅以外で就寝するとき
◎災害避難時

トレーニングのポイント

ハウスは犬の個室であり、落ち着ける場所。本来犬は、洞穴のように四方を囲まれた狭くて薄暗い場所や空間は好きな動物です。

ただし無理やりハウスに閉じ込めるというのは間違いです。就寝時や留守番のときだけ使っていると、ハウスを閉じ込められる場所と感じ、抵抗を示す場合も。自発的に入って中で落ち着いて過ごせるようトレーニングしましょう。

そのためには、ハウスは居心地のいい場所だと認識させることが

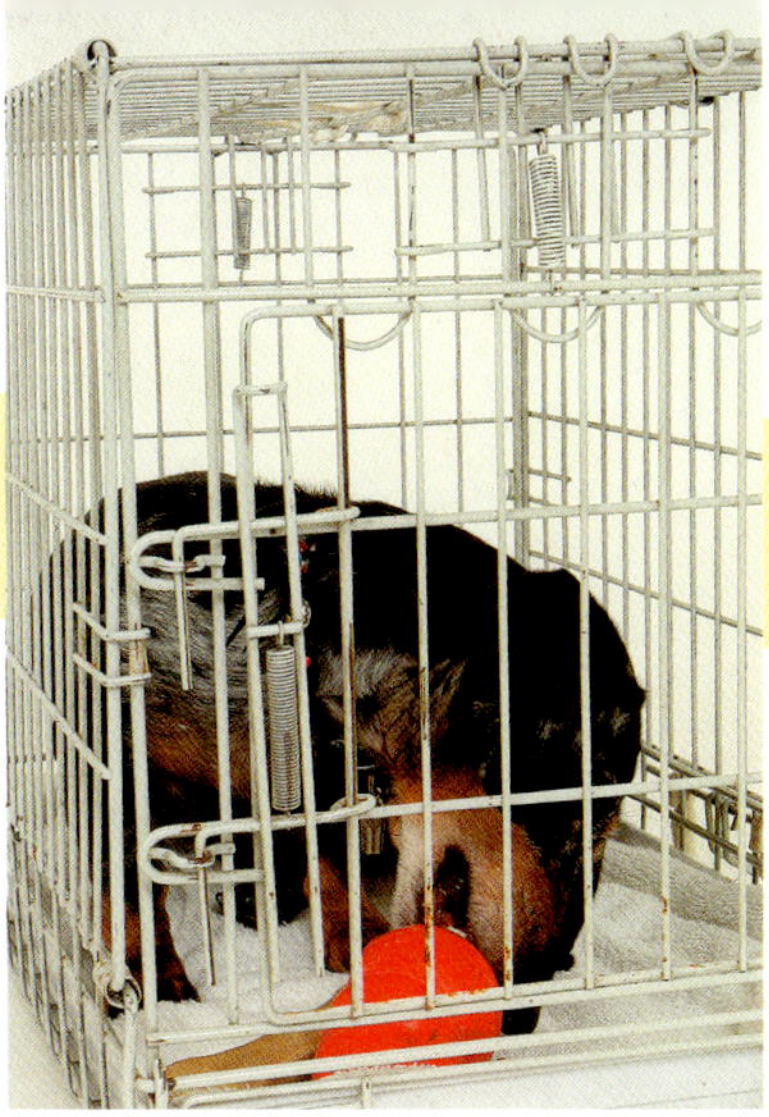

4 かじるおもちゃなどを与える。遊びに夢中になったら、扉を閉める。

5 犬が静かにしているタイミングで、ハウスから出す。「吠えたら出してもらえた」ではなく、「静かにしていたら出してくれた」と思わせる。最初は、扉を閉める時間は数秒でＯＫ。少しずつ扉を閉める時間を長くしていく。

6 犬が慣れてきたら、扉を閉めた状態でハウスにカバーをかける。たいていの犬は、カバーをかけて薄暗くしたほうが落ち着くが、なかには逆に不安を感じる犬もいる。様子をみながら、カバーをかけるかどうか判断して。

大事です。そのうえで、少しずつ扉を閉めてもハウスで過ごせるようにトレーニングします。子犬の場合は、警戒心が弱いので比較的抵抗なく入りますが、すでに成犬になっている場合は、時間をかけてじっくりトレーニングしましょう。

どうしてもハウスに入らない場合は、ハウスの奥にフードをまき、扉を開けて放っておきます。犬が自分からハウスに入ったときに「いいものがある」と気づかせるようにしてください。

Question Q 犬が吠えてしまったらどうする？

基本的には吠えてしまわないように、無理のない形で少しずつトレーニングしていくのが理想。万が一吠えてしまった場合は、天罰式の罰が有効。犬が吠えているときに、大きな音の出るものを遠くからハウスの近くに投げ、びっくりさせてやめさせる。天罰なので、飼い主がやっていることがばれないようにすること。

大きな音の出るものをハウスの近くに投げると、犬はびっくりして、吠えるのをやめる

トレーニング 7

Relax リラックス

どんな環境でも飼い主の足元でゆっくりと落ち着いていられるようにするトレーニング。マスターすれば、飼い主と一緒に出かけられる場所が広がります。

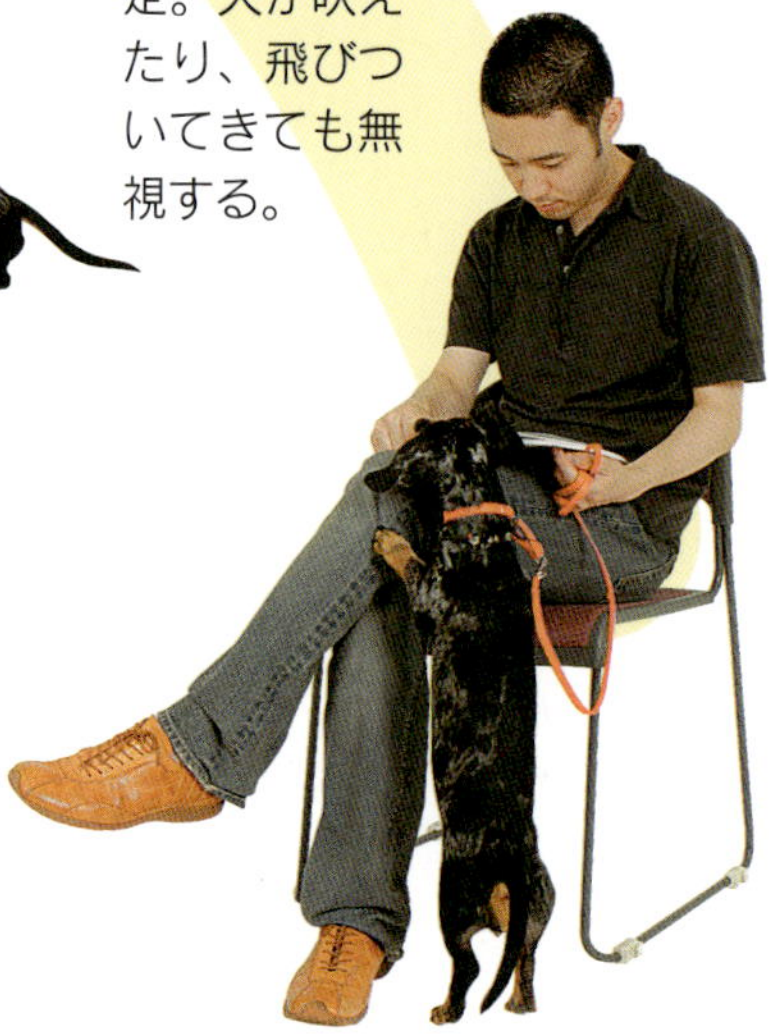

1

リードをつけた状態で、犬を自由にさせる。リードは、犬がふせても少したるみができるくらいの長さで固定。犬が吠えたり、飛びついてきても無視する。

2

犬が落ち着くまでひたすら無視。自由にならないことがわかれば、犬はそのうち落ち着く。飛びつきが激しいときはリードを踏む。

3

犬が落ち着いたら、ほめ言葉をかけて、ごほうびを与える。食べ物に興奮するなら、やさしく声をかけるだけでOK。最初は一瞬でもおとなしくなったらほめる。徐々にその時間を長くしていく。

こんなときに役に立つ

◎刺激の多い環境でも、足元でおとなしくしていてほしいとき

たくさんの人が集まるカフェのような場所でも、興奮したり、おびえたりすることなく、リラックスして過ごすことができるので、犬にも飼い主にも外出時のストレスが少なくなります。また来客も落ち着いて迎えられます。

トレーニングのポイント

教え方は簡単。テレビや雑誌を見ながら、何度も練習しましょう。来客時や、散歩途中にベンチで休憩するときなど、さまざまな場面でトレーニングしてください。

このトレーニングをするときに、マットやクッションなど特定の敷物を用意し、そのうえでトレーニングすれば、その敷物とリラックスすることが結びついて、いつでもどこでもその敷物があればリラックスできるようになります。

より効果的にトレーニングするために

トレーニングは、徐々にステップアップしていくことが大切。そのポイントは下に紹介する４つの要素（４つのD）。ステップアップするときは、まずひとつだけ要素を難しくし、残りの要素は簡単にします。そこからひとつずつ難易度を上げていくと、無理なくトレーニングが進められます。

1 距離 (Distance)

最初は犬のすぐ目の前で指示を出し、少しずつ距離をのばしていく。

2 継続時間 (Duration)

最初は数秒で指示を解除し、少しずつ時間をのばしていく。

3 多様性 (Diversify Of Context)

最初はいつもいるリビングなどでトレーニングし、その後、庭→公園→商店街などというように、少しずつ刺激の多い場所に変えていく。また同じリビングでも、まわりが静かなとき、おもちゃが近くにあるとき、家族がそろっているとき、来客がいるときなど、ひとつずつ条件を変えていく。

4 報酬 (Delivery Of Reward)

最初は成功したら毎回フードなどのごほうびを与え、できるようになってきたら、2回に1回→3回に1回→5回に1回→4回に1回というように全体としては減らしつつ、パターンを見破られないようにランダムに与えていく。人間がギャンブルに熱中するのと同じで、「今度はもらえるかも」という気持ちにさせることが、やる気を持続させるコツ。ただし、毎回言葉でほめることは忘れずに。

わが家のルールを作ろう

各家庭によって必要なルールは違うもの。「わが家のルール」を作って、犬も人も快適な生活を送りましょう。ここでは、いくつかの例を紹介します。参考にしてください。

CASE 1

家族の食事をおねだりする

人間の食べ物を与えることはよくないとわかっていますが、せがまれるとついあげたくなります。

そこで…

わが家のルール

**人間の食べ物は×。
でもおとなしくしていたら
食卓から犬用のおやつをあげてよい**

人間の食事は、愛犬の体を考えて一切あげないことに。その代わり、食卓には犬用のおやつを入れた密閉容器を常備し、犬がおとなしくしていたら、ごほうびとしておやつをあげてもいいことにしました。最初は吠えたり、飛びついてきたりもしましたが、がまんして無視を続けたので、今では「騒ぐより、おとなしくしていたほうがいい」とわかったみたいです。

■トレーニング方法

①飛びついたり、吠えたりしているときは犬を無視

②そのうちだんだんおとなしくなってくる

③犬が落ち着いたら、ほめて、食卓に常備していた犬用のおやつを与える

Advice

ときには、何か指示を出そう

犬がおとなしくしていたら、すぐにおやつを与えるのではなく、そこで犬が確実にできること（「スワレ」や「フセ」など。「オテ」などの芸でもいい）をさせ、そのごほうびとしておやつを与えると、飼い主が主導権を握れる関係に。ただし、「お約束」になると意味がないので毎回指示を出さなくてOK。

CASE 2 ソファに乗る

フカフカのソファは愛犬もお気に入りの場所。ソファを共有するのはかまわないのですが、独占されては困ります。

そこで…

わが家のルール ソファの乗り降りは自由。でも「オリテ」の指示は守ってもらう

「オリテ」という指示語を教えました。この指示語でいつでも降りてくれるようになったので、ソファへの乗り降りは自由にさせています。

■トレーニング方法

①犬の鼻先にフードを握った手を近づけ、十分気を引く

②フードを握った手を下に移動し「オリテ」と言う

Advice
犬がなかなか降りないなら、普段から短めのリードをつけておき、リードを軽く引いて誘導を。ただし、強く引っぱるのは×。

③犬が降りたら、ほめ言葉をかけて、フードを与える

CASE 3 飛びつく

帰宅の際などに飛びついて歓迎してくれるのはうれしいもの。うちは小型犬なのでとくに直していませんが、他人にむやみに飛びつくのは困ります。

そこで…

わが家のルール 家族への飛びつきは容認。でも他人には絶対に飛びつかせないようにする

犬好きではない人が家に来るときは、ハウスで過ごさせます。外で他人に近づくときは、リードを足で踏んで飛びつかせないように配慮しています。

原因を解明する

問題行動解決のプロセス

〜出窓に飛び乗って吠えるタロウの場合〜

出窓に飛び乗って急に吠えるので、うるさいし、ドタバタして困っています。叱っても全然やめません。

STEP 1 犬の行動をこまかく観察し、状況を把握する

犬をよく観察し、吠える時間や相手、体の動きなどをこまかく記録する。その結果、次のことがわかった。

- 人が通るたびに吠えている
- 人が見えなくなるまで、激しく吠えている
- 老若男女問わず、吠えている
- シッポをピンと立てて、前のめりになって吠えている

Wan!
Wan!

効果がないのに叱り続けても意味がない。別の方法に切り替えよう。

STEP 2 犬にとってのごほうびを考える

犬がその行動をとるのは、その行動によってもたらされる喜び（＝ごほうび）があるから。タロウは吠えることで通行人（＝侵入者）を敷地から追い払えたと思っている。つまり、「追い払った」という達成感が、犬の喜びになっている。

イエ〜イ

問題行動を解決するには？

まずするべきことは、原因の解明です。原因を突き止められれば、おのずと解決策も見えてきますが、原因がわからないまま受け売りで対処しても、問題を悪化させるだけ。たとえ、その場はおさまっても、あとで弊害が出てきます。

原因を突き止めたら、どういう手段でやめさせるか考えます。なるべく叱ったり、直接的に罰を与えない方法で対処してください。上の例を参考に、ひとつひとつプロセスをふんで、問題解決に取り組みましょう。

また、原因が特定できないとき、なかなかうまくいかないときには、早めにプロに相談を。とくに攻撃性の問題は、大きな事故につながることもあるので、必ず専門家に相談してください。

対処する

STEP 5 叱らないでやめさせる方法を考え、犬にわかりやすく教える

STEP3、4でもダメなら別の方法を考えてみる。たとえば次のような方法が考えられる。

①吠えることと、何かをかじることは一緒にできないので、通行人が見えたら、犬を呼んでコングをかじらせる。

②通行人を見たら、おもちゃを取りにいく習慣をつけ、犬がおもちゃを持ってきたら一緒に遊んであげるようにする。

③通行人が見えたら吠えてもいいが、４､5回吠えたら戻ってくることを教える。

STEP 6 よい行動には、ごほうびを与える

いろいろと試すうちに、犬は少しずつ望ましい行動を覚えていく。通行人が通ったときに犬がチラッと見て吠えなかったら、そのときはよくほめて、ごほうびを与える。望ましい行動をしっかりほめて、よい習慣を身につけさせていく。

STEP 3 環境を整える

まずは物理的にその行動がとれないように工夫する。タロウは通行人を見て吠えているので、透明の窓にスクリーンを貼ったり、カーテンをやめてブラインドにしたりする。またソファに1回乗って出窓に上っているので、ソファの位置を変えて出窓に飛び乗れないようにする。

STEP 4 ごほうびを切り上げる

STEP2でわかった犬のごほうびをなくし、その行動が無意味であることを教える。このケースでは､環境を整えることで吠えなくなれば、「人を追い払う」という達成感を得ることもできず、ごほうびを切り上げたことになる。

※飛びつきやあまがみをする犬にとっては、かまってもらうことがごほうびになるので、無視して相手にしないことが、ごほうびを切り上げることになります。

日頃からストレスの少ない生活を送っていれば、問題行動を起こすことも少ない

Advice
日頃の接し方や生活環境の見直しも

上の「問題行動解決のプロセス」と合わせて、①日頃から飼い主がしっかり主導権を握る（➡P48）、②犬としての欲求を十分に満たしてあげること（健康管理、生活環境の向上を含む。➡P38）が大事。基本的にはこの２つができていれば、問題行動は起こりにくく、起こったとしても大きな問題に発展することは少ないはず。

column

Too much reliance will only cause accidents

過剰な信頼は事故のもと

しつけが身につくと、「うちのコは大丈夫」「ちゃんとしつけしてあるから」と、犬を過剰に信頼してしまいがち。しかし、過剰な信頼には、思わぬ落とし穴が…。犬に対する姿勢をあらためて考えてみましょう。

どんなにしつけられた犬も事故にあう可能性がある

犬と信頼関係を築くことはとても大事なことです。これは、本書でも繰り返し述べてきたこと。しかし過剰な信頼が、思わぬ悲劇を引き起こすこともあります。

たとえば、よくしつけのされた穏やかな性格の犬が、コンビニエンスストアの前で買い物中の飼い主を待っているとします。電柱にリードをくくりつけ、愛犬が逃げ出せないようにもしてあります。しかし、いつもはおとなく待っていられる犬でも、急に子どもたちに囲まれ、顔や背中、シッポと体中をさわられたら、どうでしょう。もちろん犬はがまんするでしょう。でも、子どもの手が目に入ったら、びっくりしてとっさにかみついてしまうかもしれません。

ほかにも、子どもが親切心から、犬には有害な食べ物（たとえばチョコレートなど）をあげてしまったり、誰かが犬を連れ去ってしまったりと、さまざまなことが起こりえます。

どんなにしつけができていても、犬から目を離すことはとても危険な行為です。また、事故やトラブルに発展しなくても、人通りの多いところでひとり待たされる犬は、内心大きなストレスを抱えているかもしれません。

飼い主としての責任ある行動は愛犬を守ることにつながる

犬をノーリードにしないことも、愛犬を守るために必要なこと。いつもなら「オイデ」で戻ってくる犬が、ある日、突然打ち上がった花火にパニックになり、帰ってこなかったり、事故にあうケースは意外に多いものです。リードは命綱だということを肝に銘じておきましょう。

また、散歩中に犬のウンチを拾うのは当然のマナーですが、これも愛犬を大事にする姿勢があれば放置はできないはず。なぜなら、ウンチは健康のバロメーターだからです。その日のウンチの状態をチェックし、犬の健康状態を把握することも飼い主の大事な役割のひとつです。

あくまでも犬は犬。周囲に迷惑をかけないためであることはもちろん、大事な愛犬を守るために、どんなにしつけのできた犬でも「うちのコは大丈夫」という、過剰な信頼は禁物です。

Part 6

一緒だから楽しい

散歩&おでかけレッスン

A Walk

楽しくなければ散歩じゃない

散歩に行こう!

“散って歩く”からこそ散歩。つねに人の真横を歩く必要はありません。においをかいだり、公園で遊んだり、楽しい散歩をしましょう。

1 犬が急に飛び出すと危険なので、玄関や門を出るときは、まず飼い主が先に出て安全確認を。

2 つねに飼い主の横をピッタリついて歩く必要はない。ただし、狭い道や車が通る道、ほかの人や犬がよく通る道などでは、トラブルを防ぐため、あらかじめリードを短めに持って、犬の行動範囲を制限して。

リードの持ち方

歩くときは、リードをピンと張らずに、たるんだ状態をキープする

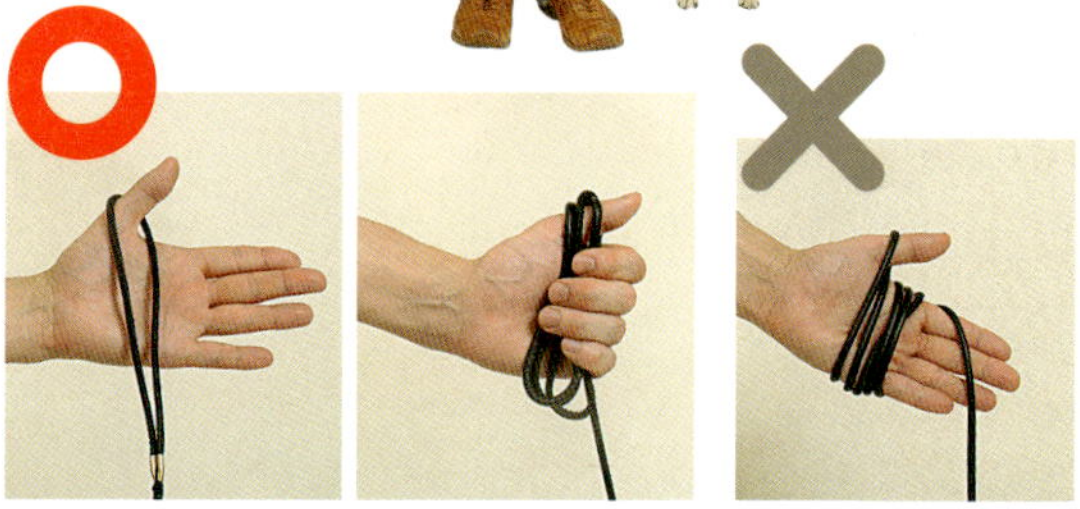

リードは親指にかけて、長ければグルリとひと巻きし、残りは束ねて持つ。

グルグル巻きにすると、引っぱられたときにコントロールできないので×

散歩の目的って何だろう?

室内犬にも、当然、散歩は必要です。散歩には、運動不足を解消する、社会性を身につける、気分転換をはかる、飼い主とのコミュニケーションを充実させるなど、さまざまな目的があります。

つまり、散歩は体力的にも精神的にも必要なもの。散歩のコースや内容に工夫をこらして、楽しい経験をたくさん積み重ねていきましょう。

どれくらい散歩をさせればいいの?

散歩は、1日2回以上行き、そのうちの1回は十分な運動をさせるのが理想的です。でも、雨の日や体調が悪い日などは無理をしなくてもOK。その代わり室内でたっぷり遊んで、ストレスを軽減させてあげましょう（⬇P150）。

必要な運動量については、犬種や年齢などによって異なり、それぞれ個体差もあります。散歩後の愛犬の様子を見て、満足度をはかってください。帰宅後しば

3 安全で周囲に迷惑をかけない場所なら、リードを長めに持って自由に歩かせよう。前を歩いてもかまわないし、においをかぐのも自由。

4 一緒に走ったり、ボール遊びをしたり、変化をつけよう。

5 ほかの犬とのコミュニケーションは、散歩ならではの楽しみ。

6 排泄物は必ず持ち帰る。また、排泄は迷惑のかからない場所でさせる。

7 散歩から帰ったら濡れタオルで足を拭き、被毛に付着したゴミや汚れ、ノミ・ダニなどを落とすためにブラッシングを。雨の日はタオルで体を拭き、全身をよく乾かしてからブラッシングする。

Advice

足拭きは小さいタオルで

大きいタオルだとじゃれて遊ぶ犬も多いので、小さいタオルをさらに折りたたんで拭くとよい。

らくして気持ちよさそうに寝てしまうなら運動量は足りているはず。逆に、すぐにおもちゃで遊び始めたり、「遊んで～」とアピールしてくるなら、おそらく足りていないでしょう。

また、運動という点から考えれば、ダラダラ歩くだけでは、十分な運動欲求を満たすことはできません。途中で早歩きや駆け足をしたり、公園でボール遊びをするなど、変化をつけるとよいでしょう。

ただし、子犬のうちは骨格がまだできていないので無理はできません。6か月頃から軽いジョギング程度の運動を取り入れていき、本格的な運動を始めるのは1歳以降にしましょう。

〝散って歩く〟から散歩。基本的には自由に歩かせて

飼い主の横にピッタリくっついて歩く犬を見ると、「よくしつけされているなぁ。うちのコもああなればいいなぁ」と思う人は多いかもしれません。これは、訓練用語でいう「脚側《きゃくそく》行進」と呼ばれる歩き方。でも、家庭犬であれば、つねにこのスタイルで歩く必要はありません。

リードを引っぱったりして困らせるのでなければ、においをかいだり、ほかの犬と遊んだり、飼い主の前に出たってかまいません。行儀よく歩くことではなく、

ツイテのトレーニング

「ツイテ」は難しいトレーニングです。あせらず時間をかけて練習しましょう。

1 犬を左側に立たせる。飼い主は左手で短めにリードを持ち、その親指をズボンのポケットに差し込む（左ページ下段参照）。右手には大きめのフードを持つ。

2 右手を鼻先に近づけて、歩きながら横に来るように誘導。誘導の手が自分の足より前へ出ないように歩く。犬が真横に来た瞬間に「ツイテ」と言って、ほめ言葉をかけ、フードをなめさせながら、そのまま歩く。

3 うまく歩けるようになったら、フードを握った右手を隠す。数秒ついて来られたらほめ言葉をかけてフードを与える。これを繰り返し、徐々に距離をのばしていく。直線に慣れたら、ターンやジグザグ歩きなど、難易度を上げていく。

犬には、文字通り〝散って歩く〟散歩が必要なのです。

とはいえ、場所を選ぶ必要はあります。通行人の迷惑にならず、安全な場所であることが条件。逆にいえば、狭い道や、ほかの人や犬などとすれちがうときなどは、飼い主の横につかせて歩くことも必要になってきます。いざというときのために、「ツイテ」の指示で飼い主の横について歩くこともできるように、トレーニングしておきましょう。

真夏・真冬は散歩時間に要注意

真夏の散歩は、早朝か日没後の涼しい時間に行うのが鉄則。日没後でもアスファルトに熱を持っている場合があるので、必ず手を当てて、温度が下がったことを確認してから出かけてください。

一方、寒い冬は、日中の暖かい時間に出かけましょう。温度差が激しいと体への負担が大きいので、子犬や毛の薄い犬、心臓の弱い犬などは、窓を開けて換気し、ある程度低い温度に慣らしてから出かけてください。

Question Q こんなときはどうすればいい?

CASE 1 リードを引っぱる

○

犬が引っぱったらすぐに止まり、引っぱると前へ進めないことを教える。

そのうちあきらめて戻ってくるので、ほめて、ごほうびをあげる。

×

犬が引っぱったとき、つられて腕をのばさないこと。また、強引にリードを引くと、犬は反発して余計に引っぱる。犬の首を苦しめるだけなので絶対にしないこと。

こんな方法もある

●方法1

ハーネスの胸のリング部分にリードにかけると、引っぱり防止になる。首輪と直結させるとより効果的。

●方法2

犬の力が強いなら、ヘッドカラーを利用するのがおすすめ。力の弱い女性や子どもでも簡単に扱え、犬にも負担のかからない道具。ただし装着方法を間違えると効果がないので、付属の説明ビデオをしっかり見ること。

CASE 2 拾い食いやマーキングをする

ものが落ちていたり、マーキングしそうな場所には近づかず、リードを短く持って足早に通りすぎる。危険な場所はなるべく散歩コースから外そう。

拾い食い・マーキング予防のコツ

あらかじめ、犬が地面に近づけない距離をはかり、リードに結び目を作っておくといい。いざというときには、そこを握り、親指をズボンのポケットに入れて歩くと、位置がしっかり固定され、適度な長さを保つことができる。

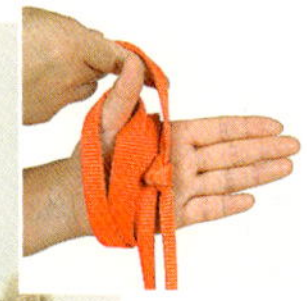

飼い主の散歩マナー

散歩は飼い主のマナーが問われる場。周囲に不快な思いをさせないよう配慮しましょう。

散歩に持っていくもの

室内排泄が身についている場合も、念のためウンチ袋などを持っていくこと。また、散歩は一緒に遊んだり、しつけをする絶好の機会。遊び道具やごほうびも持っていこう。

水飲み容器

水

ウンチ袋
（ビニール袋など）

ティッシュ類

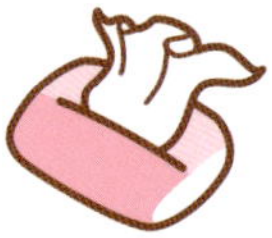

ロングリード

おもちゃ

ごほうび

散歩時の服装は、動きやすいカジュアルなスタイルが基本。靴はスニーカーが最適。ヒールの高いサンダルなどは×。また、散歩バッグを用意して、水やウンチ袋など必要なものを持っていこう

1 排泄物をきちんと処理する

ウンチを持ち帰るのは当然のマナー。アスファルトの上などにしたオシッコも水で洗い流すようにしたい。排泄場所も他人の家の前は避けるなど配慮しよう。持ち帰ったウンチは、トイレに流す、生ゴミとして捨てるなど、自治体のルールを守ること。

「散歩＝排泄」の時間にしない

一度室内で排泄習慣をつけても、散歩をするようになってから外でしか排泄をしなくなるケースはよくあります。

でも、外でしか排泄できなくなると、大雨や台風の日でも外に出なければなりません。また、犬が年老いて散歩に出られなくなったときに、いきなり習慣を変えるのも難しいものです。

基本的には室内で排泄させ、飼い主の指示によって外でも排泄できるのが理想です。排泄をすませてから、そのごほうびとして散歩に行き、室内排泄の習慣をつけるようにしましょう。

2 ノーリードは×

「うちのコはしつけができているから」と安心していても、何かのはずみで突発的に人やほかの犬をかんでしまうことも。また、事故には結びつかなくても、人を追いかけたりして驚かせてしまう可能性もある。ノーリードＯＫの場所でも、犬を放すのは「オイデ」のトレーニングができるようになってからにすること。

3 むやみに人に飛びつかせない

飛びつきは、相手にケガをさせたり、服を汚してしまうなど、トラブルの元。飛びつく可能性があるなら、リードを踏んで、飛びつけない状態にしてあいさつさせよう。

4 むやみにほかの犬に近づけない

相手の犬が犬嫌いの場合もある。まずは相手の飼い主に許可をとること。

5 公園などでブラッシングをしない

毛が飛び散って周囲の迷惑になる。ブラッシングは家ですること。

6 公園の水道に直接口をつけさせない

散歩中は給水が必要。必ず水を入れる容器を持参していこう。公園の水道の蛇口に直接口をつけて飲ませるのはマナー違反。

外に出られない日は
家の中で遊ぼう！

雨などで散歩に出られない日は、そのぶん室内でストレスを発散させてあげましょう。思いっきり体を動かすことはできなくても、犬は頭を使う遊びや、嗅覚を刺激する遊びも大好きです。遊びのバリエーションをどんどん増やしてあげましょう。

宝探し

飼い主が隠したおもちゃなどを探す遊び。においをかぐことも、何かを探すことも犬は大好き。

1 フードを詰めたり、チーズのにおいをつけたおもちゃを隠す。隠し場所はどこでもOK。また、ルールを覚えるまではあえて隠すところを見せる。

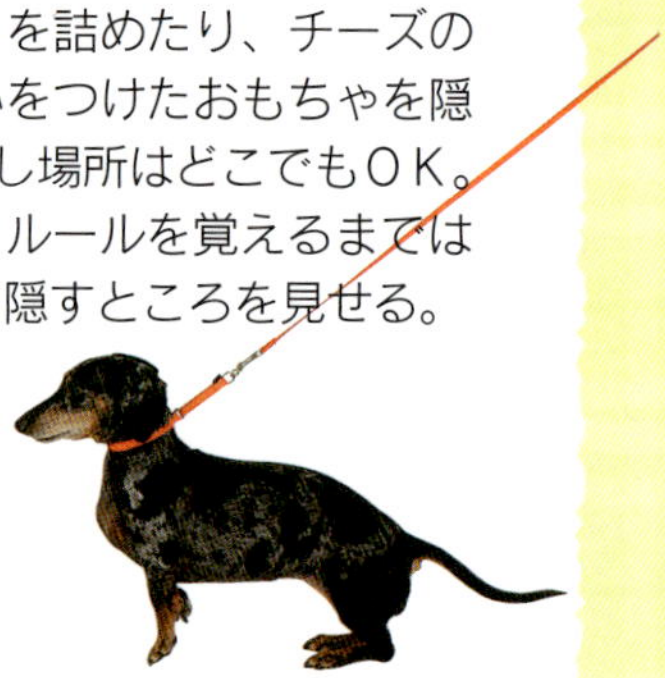

サガシテ

2 隠し場所の近くに犬を放し、「サガシテ」と言う。

3 おもちゃのありかを知っているので、すぐに探し出すはず。見つけたら、おもちゃに入っているフードを食べさせてあげよう。

4 犬がルールを理解してきたら、今度は犬に見えないように隠し、隠し場所の近くまで行って、「サガシテ」と言って探させる。今度は視覚に頼らず、嗅覚だけで探すことになる。

8の字くぐり

飼い主の足の間を8の字を描くように動く遊び。ちょこまかよく動く犬にはおすすめの遊び。

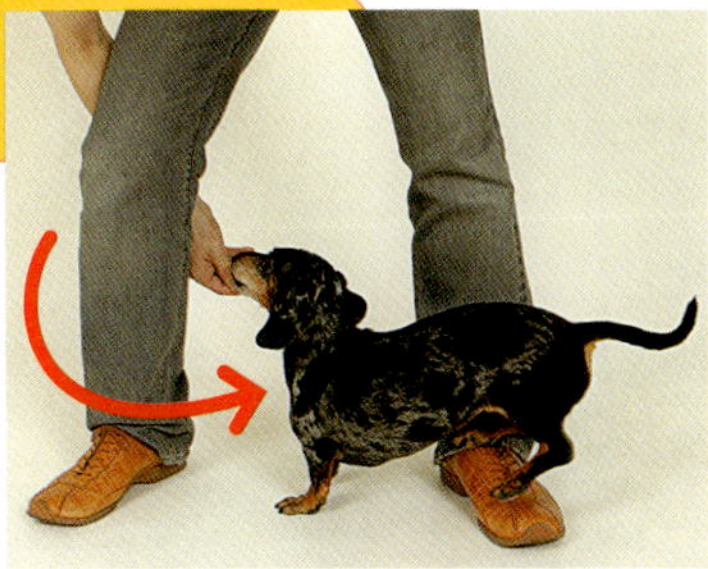

1 右手にフードを持ち、右足の後ろへ誘導。ついて来たらフードを与える。続けて右足の前へ誘導し、ついて来たらフードを与える。

2 今度はフードを持った左手で左足の後ろへ誘導。ついて来たらフードを与える。そのまま左足の前までついて来たらフードを与える。これで8の字の動きが完成。うまくできるまで1～2を繰り返す。

3 できるようなったら誘導なしでやってみる。それもできるようになったら、飼い主が歩きながらくぐらせてみてもいい。

室内でできるそのほかの遊び

- **引っぱりっこ** （➡P100）
- **モッテコイ** （➡P100）
- **かじるおもちゃなどで遊ぶこと** （➡P108）
- **かくれんぼ**
  宝探しの応用。おもちゃの代わりに人間が隠れて「オイデ」と言って、探させる。
- **トンネルくぐり**
  ダンボールやイスの下をくぐらせる遊び。なかなかくぐらなければ、トンネルの入り口でマテをさせ、出口でおやつを持って「オイデ」と言って誘導する。
- **指示語のトレーニング**
  新しく指示語を教えることも遊びのひとつ。また、スワレ、フセ、オイデなどすでに覚えた指示語をランダムに繰り返したりするだけでも十分頭を使う遊びになる。
- **いろいろな芸を教える**
  犬が楽しんでやるなら、新しい芸を覚えるのも遊びのひとつ。どんどん新しい芸を教えていこう。

そのほか、工夫次第でいろいろな遊びができます。「わが家のオリジナル」を作って楽しみましょう。

ジャンプ

飼い主はあまり動くことなく、犬の運動欲求を満たすことができる遊び。

フードでうまく誘導して足をジャンプさせる。飛んだ瞬間に「ジャンプ」と声をかければ、ひとつの芸として身につく。徐々に高さを上げていくが、ジャンプは足腰を痛める危険があるため、無理はさせないこと。

A Walk

愛犬とおでかけ

おでかけで犬との楽しみが広がる

最近は犬と一緒に利用できるカフェや宿泊施設などが増え、犬と暮らす楽しみが広がっています。犬にとっても、大好きな飼い主と一緒に行動できる機会が増えるのはうれしいもの。「新しいこと（場所）」を経験するのもいい刺激になります。ただし、犬によっては大きなストレスとなることもあるので、愛犬の性格や状況をよく把握して行動しましょう。

外出先では、いつも以上に「しつけ」や「飼い主のマナー」が求められます。むやみに吠えない、そそうをしないなどの基本的なしつけができていることは最低条件。スワレやマテなどの指示語もマスターしておけば、より安心です。

普段は「いいコ」でも、環境が変われば、同じようにはいかないものです。まずは近場で刺激の少ないところからチャレンジしてください。

なお、犬同伴ＯＫの施設だからといって、好き勝手にしていいわけではありません。節度を守り、場所ごとのルールをきちんと守りましょう。

おでかけの基本マナー

- □きちんと予防接種をしている
- □トイレのしつけができている
- □むだ吠えをしない
- □攻撃的な行動をとらない
- □ほかの人や犬に過剰反応しない
- □メスの場合、発情中は避ける
- □抜け毛対策をしている
  抜け毛が多い時期は敷物を持っていく、服を着せるなどの配慮を

※そのほか、場所によって、よりこまかいマナーが求められます。

Question 犬と一緒にお買い物ってできる?

基本的には、「ペット入店OK」と明記されていない限り、遠慮するのが原則。ただし、店によっては、「すいているときならOK」、「小型犬ならOK」、「抱っこかキャリーに入れていればOK」など、条件つきで入店が認められることもあります。小型犬の場合、キャリーバッグの中にしっかり入れていれば容認されることも多いようです。

まずはお店の人に確認してみましょう。もちろん断られた場合は素直に引き下がること。入店を許可された場合も、あくまで店側の好意であることを肝に銘じ、周囲に迷惑をかけないよう十分に配慮しましょう。

なお、店の前で、柱などにリードをつないで犬を待たせることはおすすめできません。よくしつけられた犬でもひとりは不安ですし、誰かにイタズラされる可能性もあります。

カフェ

「飼い主の足元でおとなしく」が基本

犬連れＯＫのカフェが増えていますが、そのタイプはいろいろ。ドッグカフェと呼ばれるところは、おもに犬同伴の利用客を対象としていて、犬用のメニューが用意されていたり、グッズショップを併設しているところもあります。これに対し、とくに犬のためのサービスはなくても、オーナーの好意で犬と一緒に利用できるカフェもあります。その場合、テラス席のみＯＫ、小型犬のみＯＫなどの利用制限がある場合も多いので、入店前に確認しましょう。

どちらのケースも、犬は飼い主の足元でおとなしくさせておくのが原則。散歩や運動をして、少し疲れさせてから行くと、比較的犬も落ち着いていられるでしょう。

なお、ドッグカフェも人がお茶を飲んだり、おしゃべりを楽しむところで、本来、犬同士が遊ぶ場ではありません。むやみにほかの犬に近づけないようにしましょう。

【カフェでのルール】

●リードをつけ、足元でおとなしくさせる

必ずリードをつけ、むやみに動かないようにする。リードを踏んだり、自分の太ももにリードを巻きつけておけば、より安心。小型犬ならキャリーバッグに入れておくのがベター。

●ひざに乗せるときはお店に確認を

基本的には、ひざに犬を乗せるのはＮＧ。ただ、店によっても方針が違うので確認を。

●テーブルの上のものをあげない

食べ物をほしがって吠えたり、テーブルに足をかけたりするのはＮＧ。普段からテーブルの上のものをほしがらないようにしつけを。

●排泄やマーキングはＮＧ

入店前に排泄をすませておく。万が一そそうしてしまった場合は飼い主が責任を持って後始末を。店員にも必ず伝えること。

ドッグラン

細心の注意をはらって利用すること

ドッグランは、犬をノーリードで遊ばせることができる場所。思いっきり走ったり、一度にたくさんの犬と遊ぶ機会の少ない現代の犬にとって、とても楽しい場所であることは間違いありません。

しかし、ドッグランにはさまざまな犬や人が集まります。多くの人や犬たちはマナーがよくても、たった1組のマナーが悪いだけで重大な事故につながることも。ドッグランでは愛犬から目を離さないことはもちろん、ほかの犬の動向にも気を配る必要があります。ちょっとでも不安に思ったらドッグランを出ましょう。

安全に利用するなら、比較的すいている平日に。それも天気の悪い日や、雨上がりなどがおすすめです。

【ドッグランでのルール】

●愛犬から目を離さない

犬がたくさん集まるドッグランでは何が起こるかわからない。ほかの犬や人に危害をくわえたり、あるいは逆に襲われたりしないように、愛犬の行動はつねに監視を。ほかの犬についても注意をはらう。

●「オイデ」のしつけはしっかりと

帰るときだけ「オイデ」で呼び戻していると、「オイデ＝遊びの終了」と覚え、戻ってこなくなることがある。ドッグランでの「オイデ」を練習するには、遊んでいる途中で何度も呼び戻し、そのたびにほめて、また遊ばせる、ということを繰り返すといい。

※カフェにもドッグランにも、それぞれ独自のルールやマナーがあるので、守りましょう。

旅行 余裕を持ったスケジュールを組む

旅行先で過ごす場合、家庭犬としての基本的なしつけができていれば大きな問題はありませんが、慣れない場所では落ち着きをなくし、予期せぬ行動をとることもあります。旅行中は愛犬から絶対に目を離さないようにしましょう。

はじめての旅行なら、「ペット受け入れ可」の宿泊施設より、「犬連れ専用」の宿泊施設のほうが安心です。予約の際にはじめてであることを伝えれば、いろいろ教えてくれるはず。不安なことがあれば聞いておきましょう。

最初の旅行は犬も飼い主も緊張するものです。あれもこれもと欲ばらず、時間と心に余裕を持ってでかけましょう。

※地域によっては、特定の山や河原に野犬狩りのための薬物を散布していることがあります。そういう場所で遊ぶ計画がある場合は、宿泊先の人などに情報を聞いておきましょう。

【宿泊施設でのルール】

- **宿に入る前に足を拭く**
  きれいに拭いてからチェックイン。
- **客室以外ではリードをつける**
  トラブル防止のため、客室以外はリード着用が原則。
- **ベッドやソファに乗せるのはNG**
  宿が許可している場合も、敷物を敷くなど配慮を。
- **お風呂場には入れない**
  部屋についているお風呂も原則NG。
- **犬だけで留守番させない**
  やむを得ず留守番させる場合は必ずハウスに入れる。
- **退室前に部屋をそうじする**
  トイレシーツの後始末はもちろん、抜け毛のそうじもきちんとする。
- **そそうや器物破損は必ず報告する**
  そそうのあとはきちんとそうじし、宿の人に報告を。何か破損した場合も同様。だまって帰るのは問題外。

必携アイテム

基本的には、普段使っているものはすべて持っていきます。わざわざ新品をそろえずに、使い慣れているものを持参したほうが、犬は安心できます。

- □ **ハウス**
- □ **ペットシーツ（トイレ）**
- □ **ビニール袋、ウンチを入れる密閉袋**
- □ **フードと食器**
  宿で用意する場合も念のため持参
- □ **水**
- □ **おやつ**
- □ **おもちゃ**
- □ **ティッシュ類**
- □ **タオル類**
- □ **消臭スプレー**
- □ **リード**
- □ **ブラシ**
- □ **粘着ローラー**
- □ **常備薬**
  酔い止め、下痢止め、胃腸薬など
- □ **迷子札**
- □ **動物病院の連絡先**
  万が一のために旅行先の動物病院とホームドクターの連絡先を控えておく

※そのほか、愛犬の日常生活に欠かせないものがあれば持っていきます。宿泊先で借りられるものもあるので、事前に聞いておくとよいでしょう。また、宿によっては、予防接種証明書の提示を求められる場合もあります。

Ⓐ

迷子札はたくさん書き込みできるカプセルタイプがよい。自宅の連絡先、携帯番号、宿泊先の連絡先を書いておく。遊んでいるうちに外れることもあるので2、3個つけておこう

Ⓐジョーカー

ドライブ クレートに入れるのが安心で安全

愛犬を助手席に乗せてドライブする光景に憧れている人も多いかもしれませんが、もしも犬が窓から顔を出してしまったら危険。車内で犬を自由にさせていると運転のじゃまになりますし、犬が座席から落ちてケガをするといったことにもなりかねません。

犬を車に乗せるときは、基本的にはクレートに入れましょう。普段からクレートに慣れている犬なら、そのほうが落ち着けます。

【ドライブのルール】

●犬はクレートに入れる
運転のじゃまにならず、急ブレーキの際も安全。周囲の刺激にさらされないので犬も安心できる。

●車乗前に散歩と排泄をすませる
ある程度エネルギーを消耗し、排泄もして体がすっきりしていれば、車内で落ち着いて過ごせる。

●安全運転を心がける
人間より小さく軽い犬は、揺れや振動による負担も大きい。急ブレーキや急ハンドルの多い不安定な走行は、車酔いの原因になる。

●こまめに休憩を入れる
長時間のドライブでは、1～2時間に1回は休憩をとり、水分補給と排泄をさせる。少し散歩をして、気分転換をはかるといい。

●食事の時間を調節する
空腹でも満腹でも酔いやすくなる。ドライブ前には食事を与えず、目的地についてから与えるとよい。

※どうしても酔う場合は、酔い止めの薬を飲ませる方法もあるので、獣医師に相談してください。

Question Q 犬を電車やバスに乗せられる？

電車やバスは、小型犬であれば一緒に乗ることができます（サイズ制限あり）。ただし、クレートやキャリーバッグに入れることが条件で、顔を出してはいけないことになっています。

ＪＲの場合、改札口でバッグ等に入った犬を見せ、「普通手回り品きっぷ」（270円）を購入します。270円で100ｋｍ程度の移動が可能です。私鉄もおおむねＪＲに準じています。バスは、会社によって、有料のところと無料のところがあります。

いずれにしても、子犬のころから乗り物に慣らしておく必要があるでしょう。乗車の際は、鳴き声や抜け毛、においなどで周囲に迷惑をかけないようにしてください。

なお、飛行機やフェリーなら、サイズを問わず乗せられます（フェリーは会社にもよる）。飛行機の場合、ペットは大きさにかかわらず貨物室行きとなり、飼い主と離れて過ごします。フェリーも車中待機や、ペットルームのようなところで離れて過ごすことになります。利用の際は輸送環境をよく確認しましょう。

column

Use the Pet Hotel and the Pet Sitter

ペットホテル、ペットシッターの利用

旅行に愛犬を連れていかない場合には、ペットホテルに預ける、家にペットシッターに来てもらうという方法があります。なるべく負担をかけない方法を選んであげましょう。

ペットホテルに預ける

ホテル専門に営業しているところ、ショップやペット美容室、動物病院に併設しているところ、一般家庭のリビングを解放しているところなど、ペットホテルもいろいろあります。1日の過ごし方も散歩以外はほとんどケージの中というところもあれば、ケージフリーのところも。

基本的には、狭いケージに入れっぱなしのところは避け、1日のうち何時間かはプレイスペースなどで遊ぶ機会を設けているところにしましょう。とはいえ、単にフリーにすればいいわけでもありません。ほかの犬と遊べないコもいますし、慣れない環境で緊張しているコもいます。犬の性格やその日の様子を見て、臨機応変に対応してくれるところを選びましょう。

また、旅行する段になっていきなりホテルに預けるのではなく、事前に見学し、環境や設備、サービス内容を確認しておくことが大切。たとえば「散歩あり」といっても、回数や時間はどれくらいか、どういう道を通るのかなど、こまかく聞いておきましょう。そして、よさそうなホテルに旅行前に預けてみて、問題なく過ごせるかどうか確認しておけば安心です。

ペットシッターを利用する

愛犬の世話をペットシッターに頼むという方法もあります。住み慣れたわが家で過ごせるので、環境変化に弱い犬などは、ペットホテルに預けるよりストレスを軽減できるでしょう。

サービス内容は、食事の世話、散歩、遊び、トイレのそうじなどですが、どの程度までお願いするかはケースバイケース。いずれにせよ、十分打ち合わせを行いましょう。ペットシッターを利用することは、留守宅を他人に任せることでもあります。トラブルが起こらないよう、信頼できる相手を選ぶことが何より大切です。

ペットホテル選びのチェックポイント

- □見学させてくれるか
- □清潔にしているか
- □人手があり、行き届いたケアをしているか
- □犬に愛情を持って接してくれるか
- □ワクチン接種を義務づけているか
- □健康な動物だけを受け入れているか
- □性格やクセ、病歴、食事の内容、排泄方法、散歩の時間など、犬の情報をこまかく聞いてくるか
- □犬同士の接触はトラブルがないように配慮しているか

Part 7

いつもきれいに清潔に

ケア&ビューティ

グルーミングに慣らそう

一度グルーミング嫌いになってしまうと、あとから克服するのはたいへんです。
無理せず少しずつ行い、グルーミングが好きな犬に育てましょう。

ブラッシングの場合

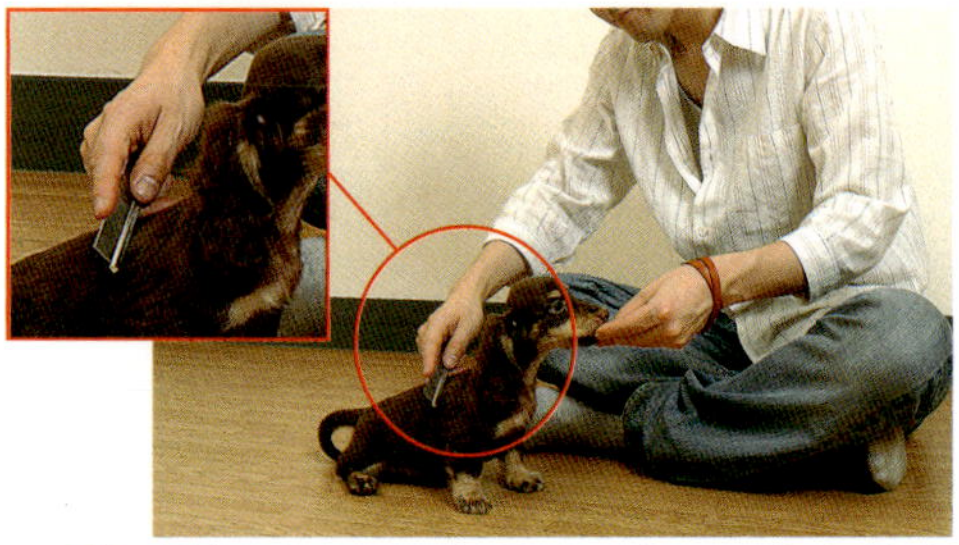

1 最初はコームを見せるところから始める。怖がらないようなら、ごほうびをあげながら、コームの背を体に当ててみる。平気なようなら、コームの向きを逆にして、やさしく毛をとかす。

2 慣れてきたら、手を引き上げ、ごほうびをあげない時間を作る。これを繰り返し、徐々にごほうびなしでもブラッシングできる時間を長くしていく。慣れるまでは、「今日は背中」、「翌日はおなか」というように、やりやすいところから1日1パーツずつ行うとよい。

Advice

2人で行うのがベスト

最初は、ごほうびをあげる人と、手入れをする人に分かれてやるのがおすすめ。ひとり暮らしの人も、犬の扱いに慣れている友人などに協力してもらうといいだろう。

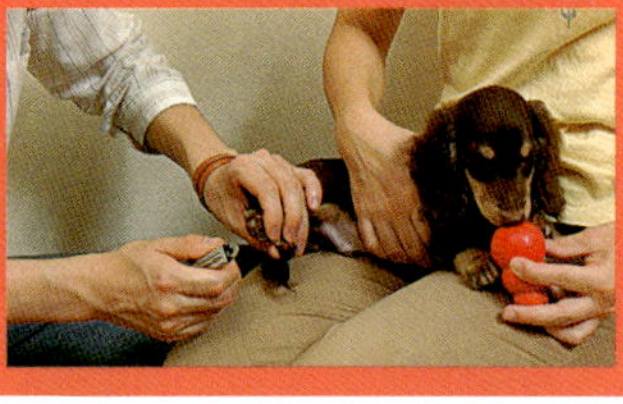

お手入れは健康維持とコミュニケーションの手段

ブラッシング、シャンプー、爪切りなど、体の手入れ全般のことをグルーミングといいます。グルーミングは見た目を美しくするだけでなく、体を清潔に保ち、病気予防につながります。また、全身に直接ふれることで、皮膚の異常やケガなどにも早く気づいてあげられます。

そして何より、グルーミングは楽しいコミュニケーションタイムです。よりよい関係を築くためにも、やさしく愛情を込めて手入れをしてあげましょう。

子犬がやってきて1週間くらいたち、家族にも十分に慣れてきたら、少しずつグルーミングを始めていきます。

最初はブラシやシャワーを怖がるかもしれません。また、ブラッシングで痛い思いをさせたり、シャワーの熱いお湯を乱暴にかけたり、長い時間拘束したりすると、グルーミングが嫌いになってしまいます。最初からパーフェクトにやろうとせず、段階をふんで少しずつ慣らしていきましょう。

爪切りの場合

❶ まずは爪切りを犬に見せて、様子を見る。

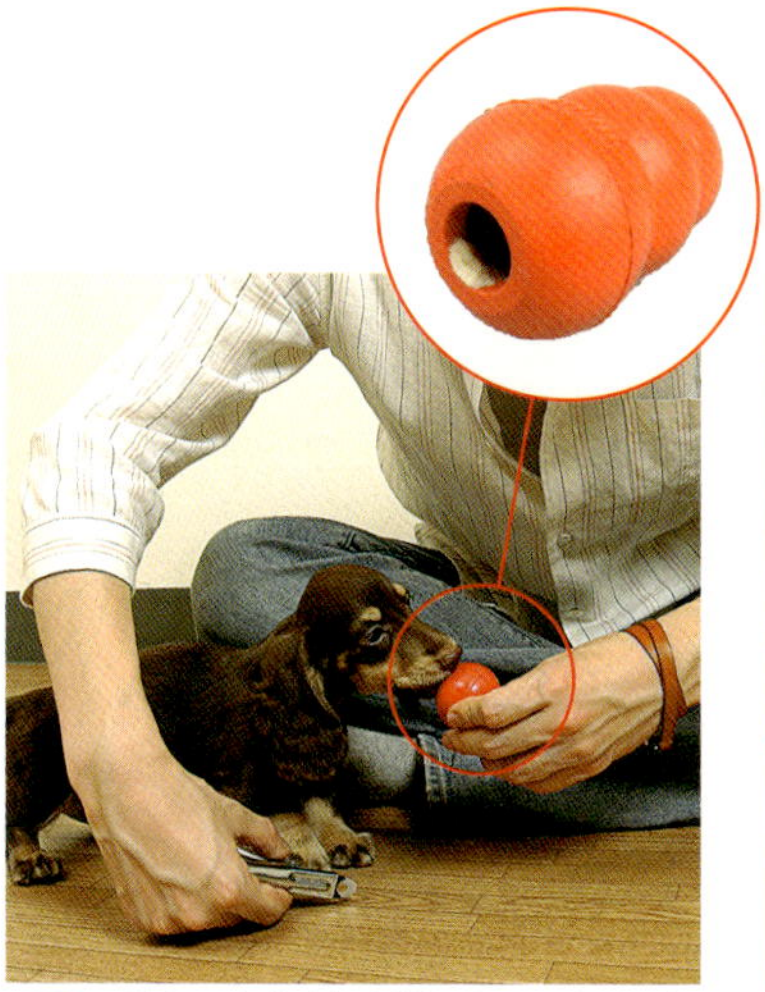

❷ 爪切りを怖がらないようなら、ごほうび（写真はチーズを塗ったコング）をあげながら、爪切りを足先に当てる。

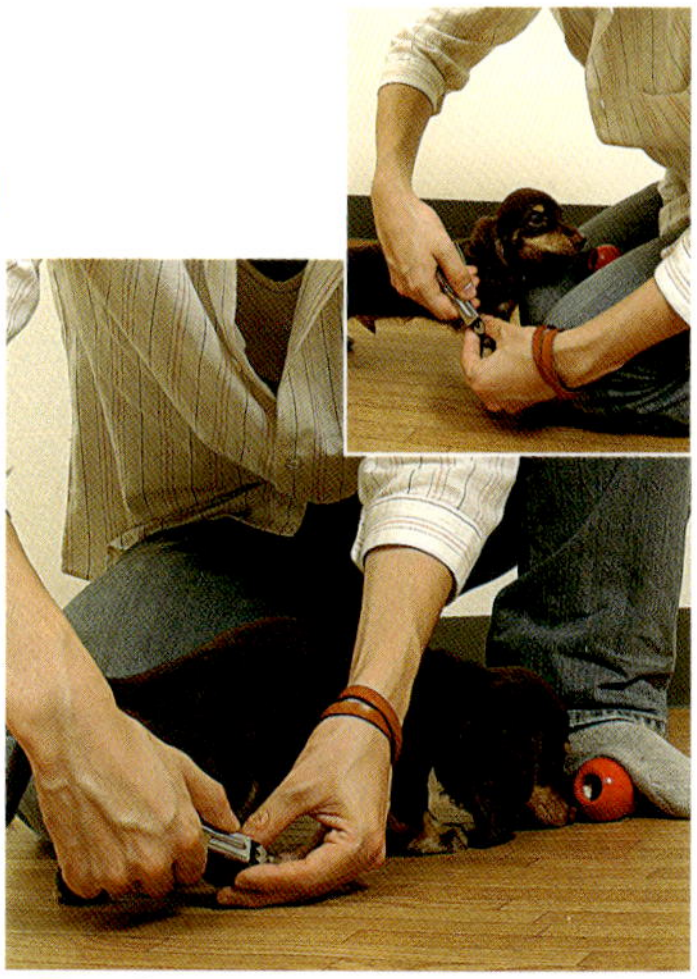

❸ 爪を切る。1人で行う場合はごほうびを足でおさえたり、股にはさんで子犬になめさせながら切るとスムーズ。慣れるまでは1日１本ずつでOK。

被毛のタイプを知ろう

ロングコート（長毛）

長い被毛のこと。毛の硬さ、直毛かウェービーかなど、毛質・形状はさまざま。シー・ズー、ゴールデン・レトリーバーなどはやわらかく、シェットランド・シープドッグ、ポメラニアンなどは、やや硬い毛を持つ。また、長毛の中でも、ヨークシャー・テリアやパピヨンのように、絹糸のように細く光沢のある毛をシルキーコートという。ロングコートの犬種は毛がからんで毛玉ができやすいので、ブラッシングは毎日行うこと。

ショートコート（短毛）

やや硬めで短い被毛。手入れは比較的ラクだが、抜け毛の多い犬種が多い。柴犬、ウェルシュ・コーギー・ペンブロークなど。

スムースコート（極短毛）

非常に短いなめらかな被毛。被毛の手入れは一番ラクだが、抜け毛は意外とある。ラブラドール・レトリーバー、パグ、ビーグルなど。

ワイヤーコート（剛毛）

針金を感じさせるような硬い被毛。ただし、独特の硬い被毛を維持するには、トリミングナイフや指でやわらかい毛を引き抜く作業（プラッキング）が必要。かなりテクニックがいるので、定期的にトリマーにお願いするのがベターだが、プラッキングをしなくても問題はない。ミニチュア・シュナウザー、ワイヤーヘアード・ダックスフンドなど。

ブラッシング

頻度
長毛種は毎日。
短毛種は毎日～週1、2回

用意するもの
ブラシ、コーム

グルーミングの中でも、とくに重要なのが被毛の手入れ。汚れや抜け毛を取り除くだけでなく、皮膚マッサージ効果で血行を促し、新陳代謝を高めます。

ブラッシングの道具と特徴

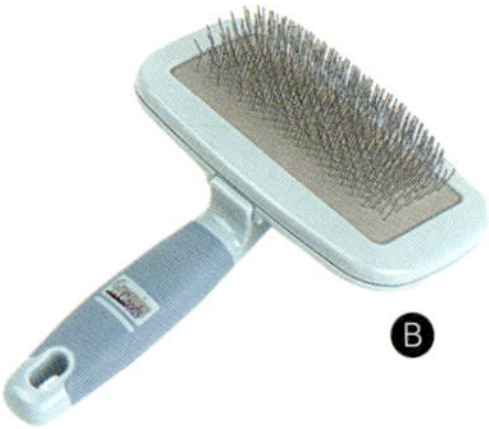

スリッカーブラシ

【特徴】「く」の字に曲がった細いピンが密集して植えられたブラシ。毛のもつれをほぐしたり、抜け毛を取り除くときに使う。ピンの硬さはソフトタイプとハードタイプがある
【おすすめの犬種】 ショート、ロング、ワイヤーコートの犬種

ラバーブラシ

【特徴】 やわらかいゴム製で、抜け毛やほこりを吸着しやすく、マッサージ効果も高い。こすらずにやさしく円を描くように動かして使う
【おすすめの犬種】
スムース、ショートコートの犬種

ピンブラシ

【特徴】 ピンの先端が丸く、ピン自体も太いので皮膚や被毛を傷つけない。毛のもつれをほぐすのに使用
【おすすめの犬種】 ショート、ロング、ワイヤーコートの犬種

獣毛ブラシ

【特徴】 豚や猪《いのしし》の毛などでできたブラシで、静電気がおきにくい。抜け毛やほこりを取り除く目的で使用。こすらずにやさしく円を描くように動かして使う
【おすすめの犬種】
スムース、ショートコートの犬種

コーム

【特徴】 金属製のクシ。ブラシをかけたあとのクシ通りの確認と、顔まわりなどこまかい部分を整えるときに使用
【おすすめの犬種】 ショート、ロング、ワイヤーコートの犬種。毛のもつれがなければ日常の手入れはコーム1本でもOK

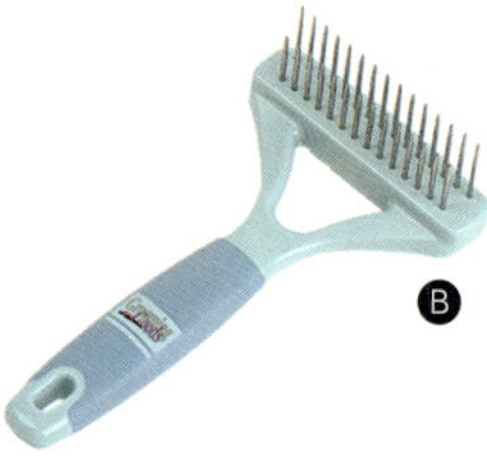

スクラッチャー

【特徴】 鋤《すき》のような形をしたブラシ。抜け毛がよく取れるので、換毛期の抜け毛対策に持っていると便利
【おすすめの犬種】 抜け毛の多いダブルコート（➡P162下段）の犬種

ブラッシングのポイント①

◎犬種に合ったブラシを使う

犬用のブラッシングの道具には、上記のようにいくつか種類があります。被毛のタイプや愛犬の好み、飼い主の使い勝手に合うものを選んで使い分けましょう。

犬種によっては特殊なお手入れが必要になります。ペットショップやブリーダー、トリマーなどにアドバイスしてもらい適切な手入れを行ってください。

一般的には、最初にスリッカーブラシやピンブラシで汚れや抜け毛、毛のもつれを取り除き、その後コームで毛並みを整えます（⬇P161〜163）。

◎スムースコートも被毛の手入れは毎日行う

スムースコートの場合は、汚れがつきにくく毛がもつれたりすることも少ないので、比較的手入れはラクです。とはいえ散歩に出たり、家で動き回っていれば少なからず汚れます。蒸しタオルで拭くなり、ブラッシングするなり、被毛の手入れは毎日行いましょう。

ブラッシングについては抜け毛防止やツヤだし、血行促進のために、最低でも週に1、2回は行ってください。

Ⓑドギーマンハヤシ

Advice
足は前後に動かす

犬の足は左右には曲がらないので、足を持ち上げるときは必ず前後に動かす。足を上げるのが難しければ、仰向けに抱いてブラッシングを。両前足をつかんで後ろ足で立たせてもOK。

STEP 1 ブラシで毛のもつれをほぐす

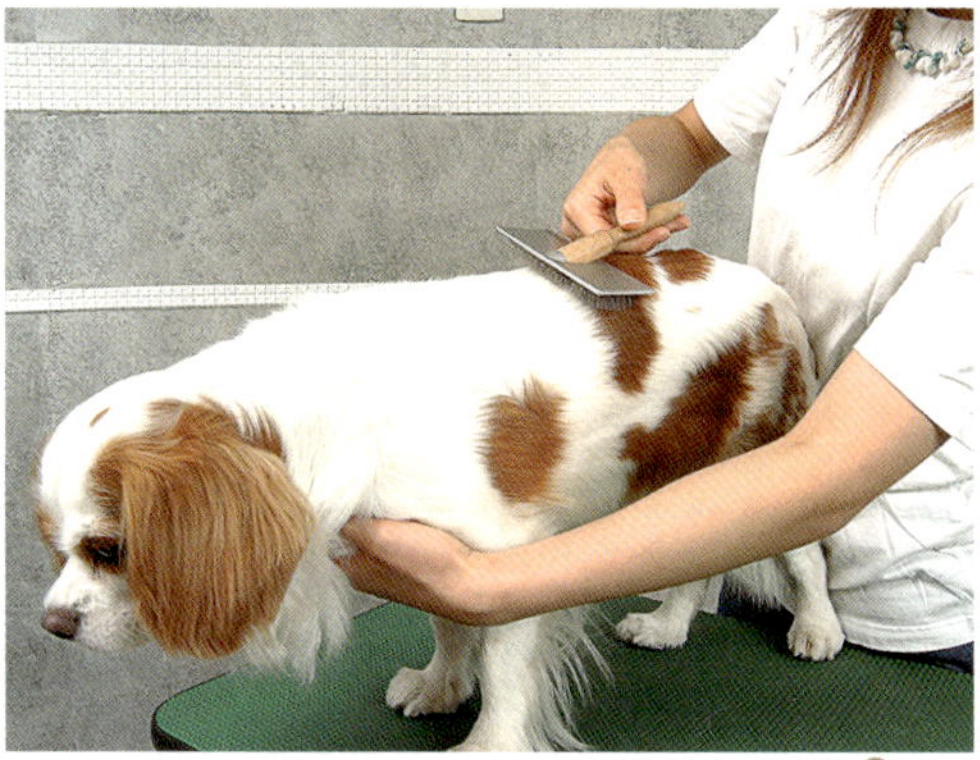

1 背中やわき腹など犬が嫌がらないところから始める。毛の流れに沿って、根元からやさしくブラッシング。なお、被毛が汚れているときは、蒸しタオルで拭いてからブラッシングすること。

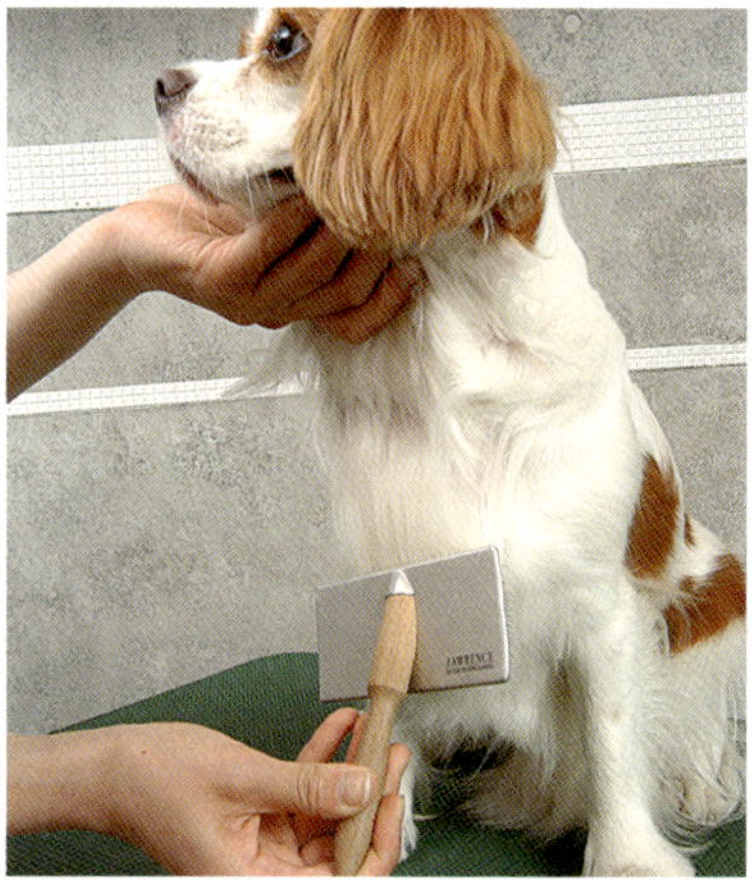

2 毛の量が多いところは、根元までブラシが通るように、毛を分けて下側の毛から少量ずつブラッシング。

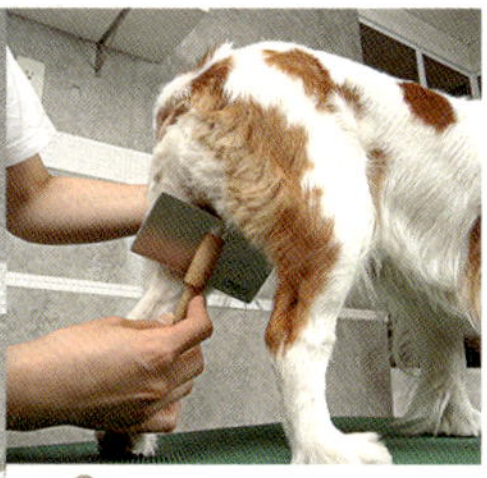

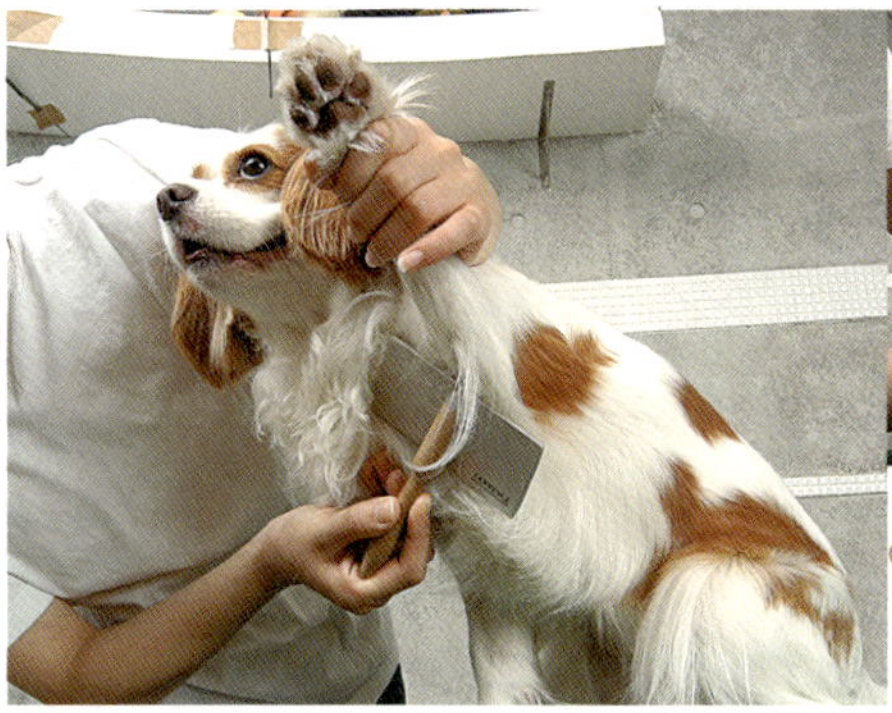

3 わきの下や股（後ろ足の付け根部分）は、すれる場所なので毛玉ができやすい。見落としがちだが、忘れずにブラッシングを。顔や耳などのこまかい部分を除いて、全身をブラッシングする。

スリッカーブラシの使い方

スリッカーブラシは、抜け毛を効果的に取り除くことができ、毛のもつれもほぐしやすいが、間違った使い方をすると愛犬に痛い思いをさせてしまうので、注意が必要。

実際に使用する前に角度や力加減を自分の腕などで確かめ、自分にとっても痛くない力加減でブラッシングすること。なるべくなら、プロのトリマーなどに使い方を聞いてから使うのがベター。

使い方

犬の体に対して平行にブラシを動かす。角度をつけると、細いピンが皮膚にささり、皮膚を傷つける

持ち方

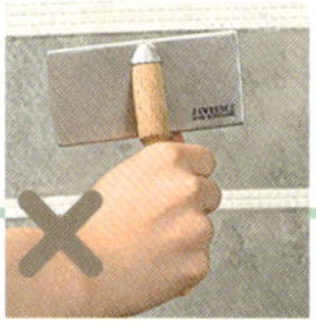

ペンを持つように軽く握る。力が入るような持ち方は×

STEP 2 コームで全体を整える

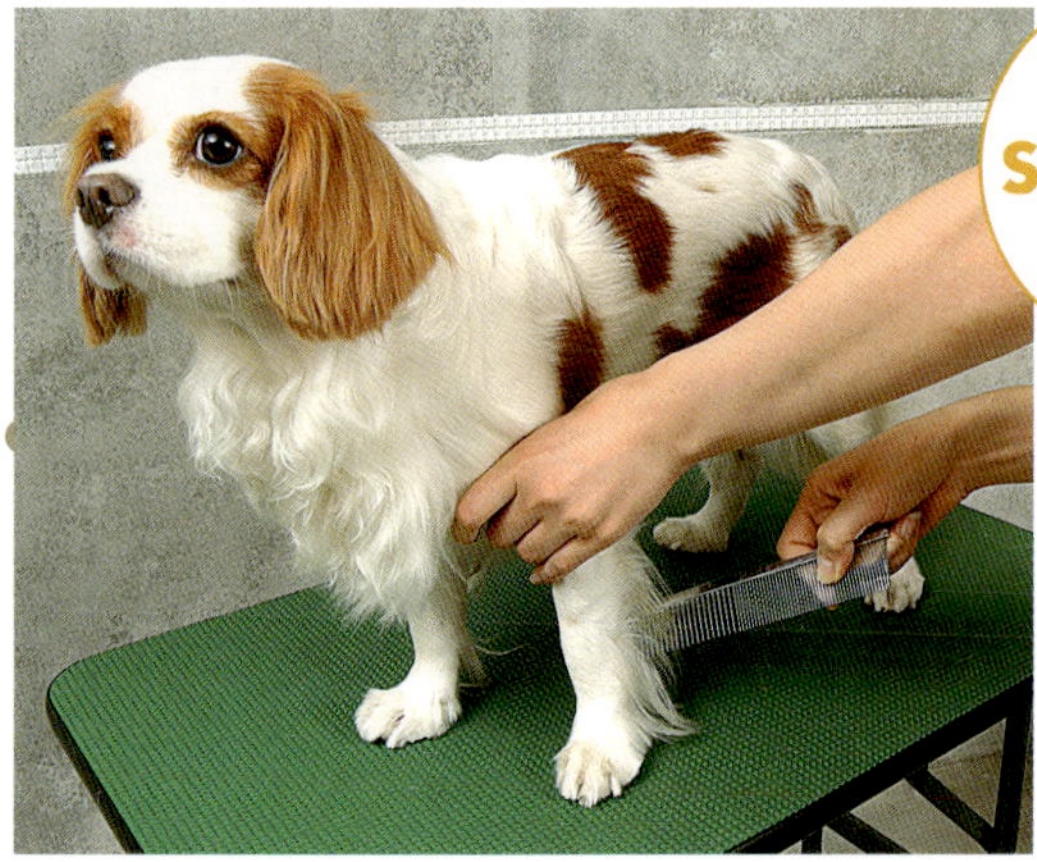

3 足先は汚れやすいので、しっかりブラッシングを。ただし敏感な場所なのでやさしくていねいに。

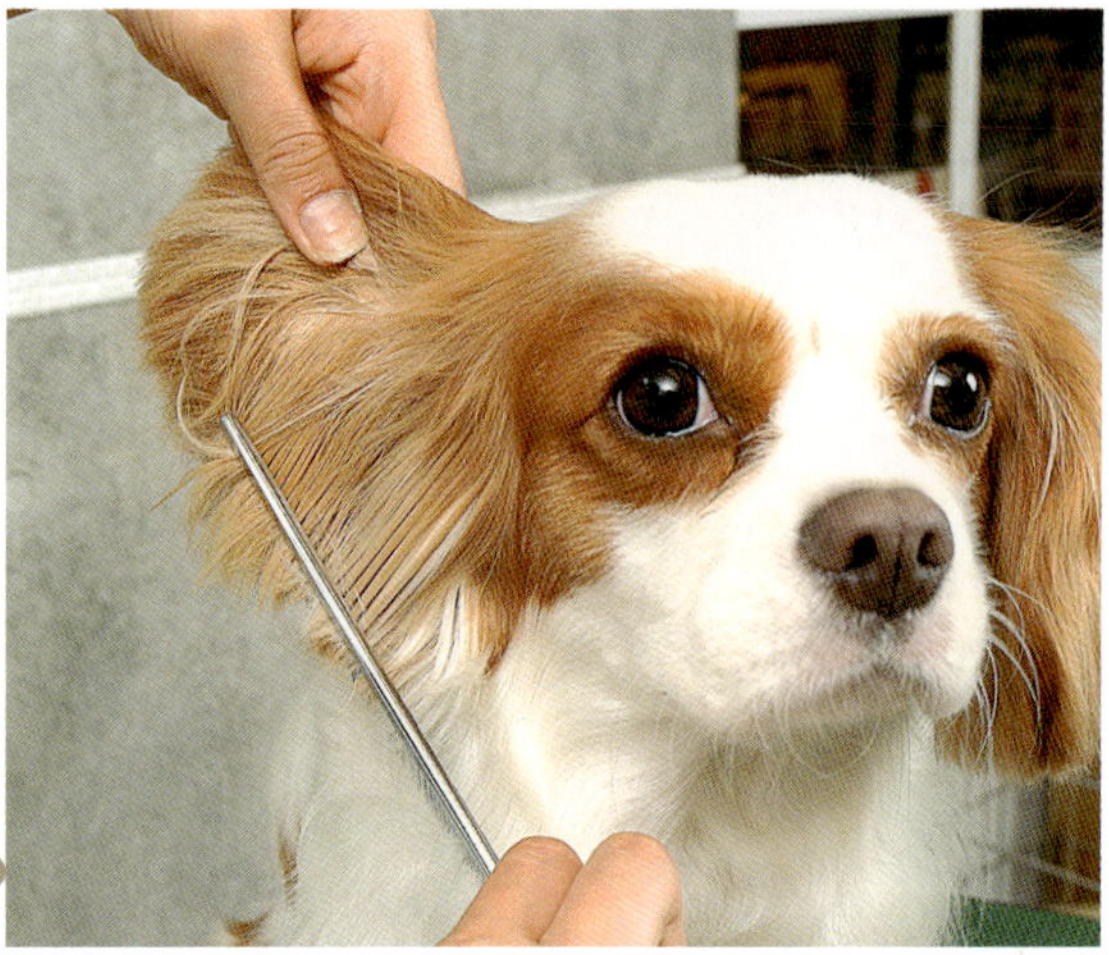

1 耳などのこまかい部分はコームを使用。耳の先端部分は毛玉になりやすいので、毛先までしっかりブラッシングを。

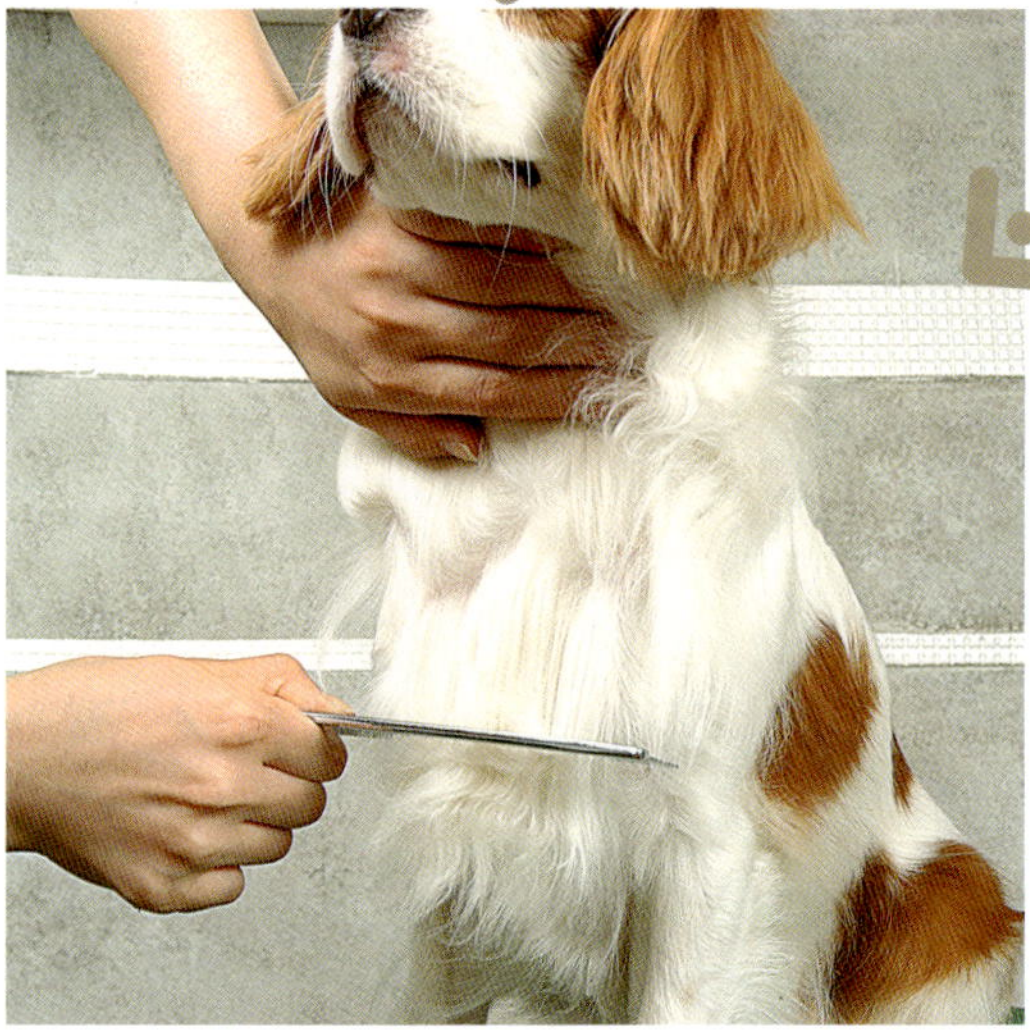

2 スリッカーブラシでほぐした部分にもコームを入れ、ひっかかりがないかチェックしながら、毛並みを整えていく。毛の多い部分は毛を分けて少量ずつコームでとかす。

ブラッシングのポイント②

◎換毛期はとくに念入りに

犬の被毛の生え方には、上毛と下毛の二重構造になっているダブルコートと、上毛しか生えていないシングルコートがあります。抜け毛が多いのはダブルコートの犬種で、毛の長さは関係ありません。とくに春と秋の換毛期には、下毛がゴソっと生え変わるため、多量の抜け毛が起こります。

ただし、最近は換毛期がはっきりしない犬も増えています。被毛の生え変わりは、日照時間と気温に左右されますが、室内犬の場合、電灯の光を浴びている時間が長く、気温の変化も少ないため、季節感が狂ってしまうのです。とくに深夜まで起きている家庭では、この傾向が強いようです。

犬の被毛のしくみ

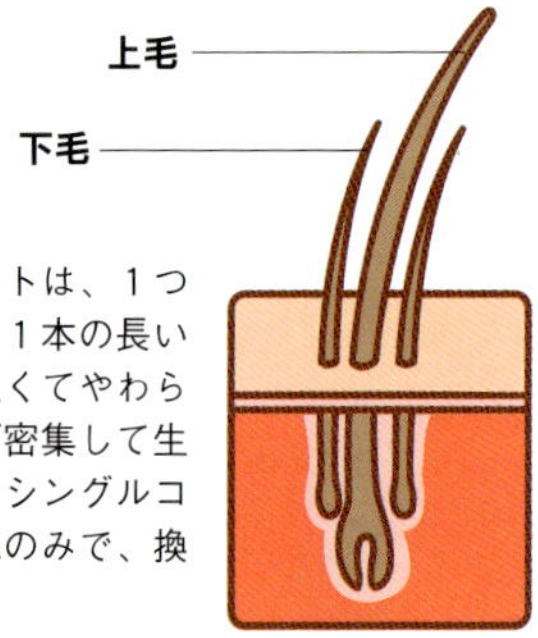

ダブルコートは、1つの毛穴から1本の長い上毛と、短くてやわらかい下毛が密集して生えている。シングルコートは上毛のみで、換毛期はない

Advice

毛玉ができていたら？

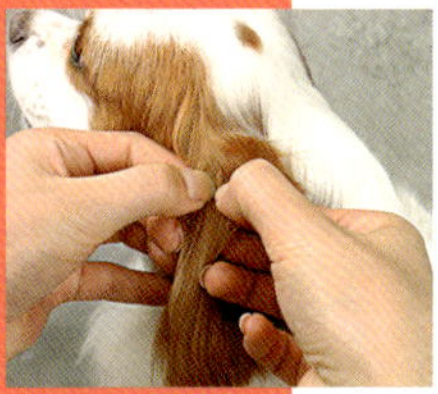

皮膚を引っぱらないように気をつけながら指でほぐし、ほぐれてきたら、スリッカーブラシやコームで少しずつとかす。無理に毛玉をほぐそうとして痛い思いをさせるとブラッシング嫌いになってしまうので、頑固な毛玉はトリマーにお願いしよう。毛玉部分をはさみでカットしてもいいが、一緒に皮膚を切らないように注意。毛玉ができないように、毎日ブラッシングをするよう心がけよう。

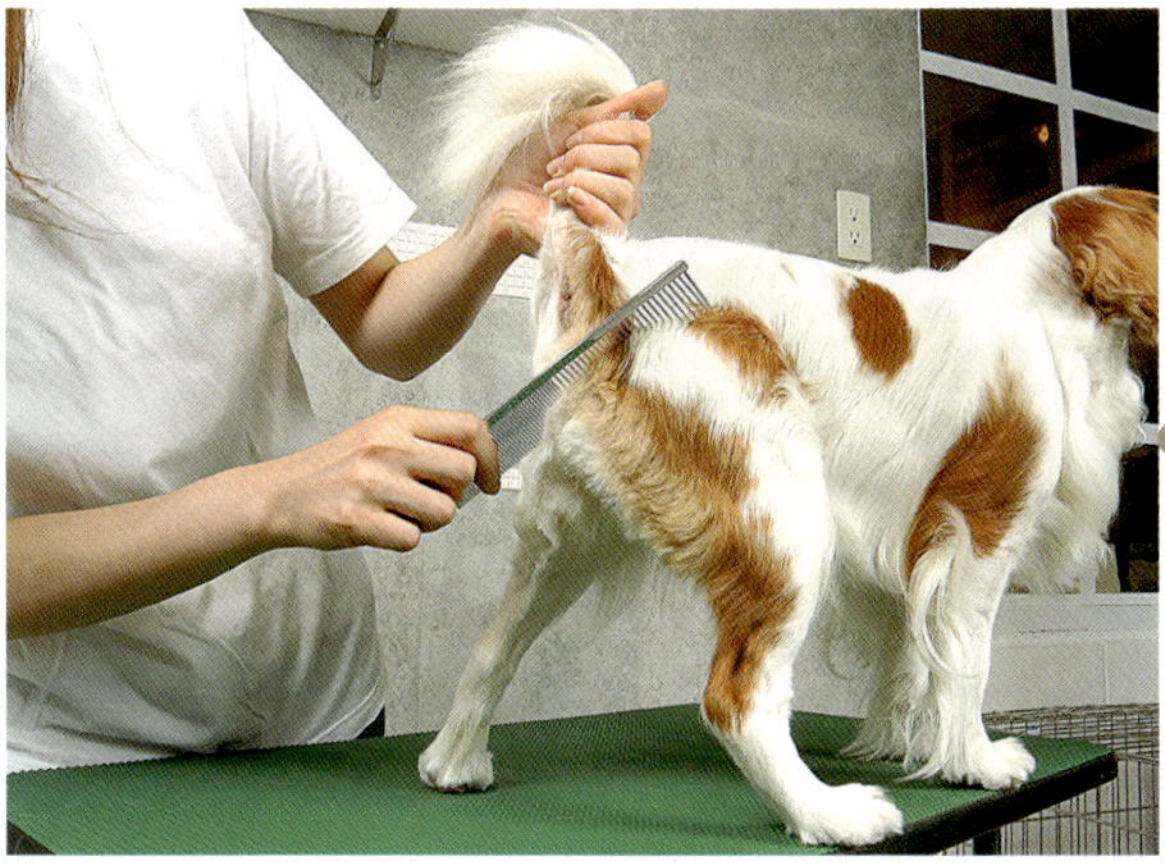

4 お尻も毛玉ができやすい部分。シッポを持ち上げてしっかりブラッシングを。

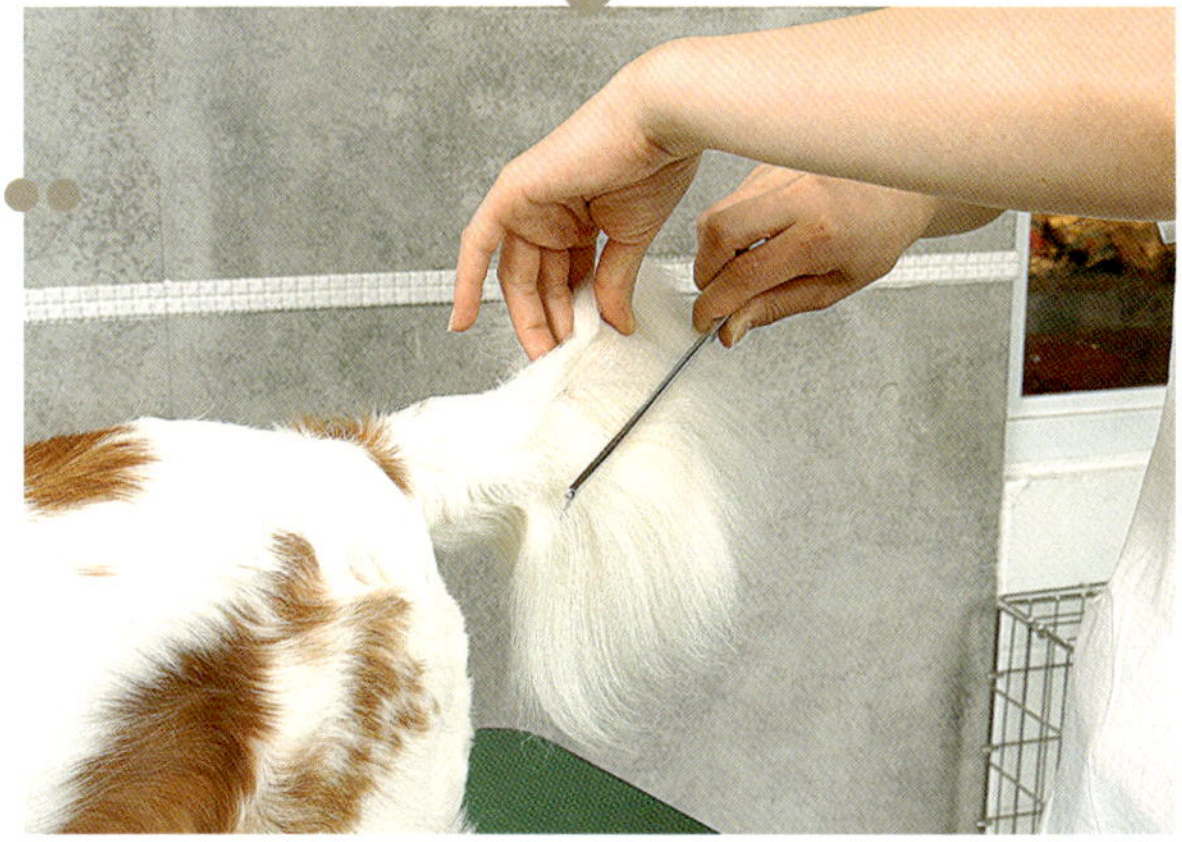

5 シッポは持ち上げて、上から下に向ってとかす。

6 顔に長い毛がある犬種は、コームが目に入らないように、アゴを手で支えて、慎重にブラッシングする。敏感な部分なので、最後にさっとやってしまおう。顔の毛が短い犬種は、ときどき顔を拭いて汚れを取る程度でOK。

リードをつま先に巻きつけて踏むなどして、動きを固定。その状態でフードを与えながらブラッシングする

◎落ち着かない犬には リードを使って

犬が動いてしまい、ブラッシングがスムーズにできない場合は、犬にリードをつけ、ごほうびをあげながらブラッシングするとよいでしょう。慣れてきたら、158ページの要領で、ごほうびなしでもできるように練習してください。

また一般に、犬は少し高さのあるところに乗せると、おとなしくなります。ある程度ブラッシングに慣れてきたら、ペット美容室で行っているように、犬を少し高いところに乗せてブラッシングするのもひとつの方法です。ただし、小型犬の場合は、落下事故に注意してください。

シャンプー

頻　度

月1～2回程度

用意するもの

シャンプー、リンス、ドライヤー、バスタオル、ブラシ、コーム

ブラッシングで落としきれない汚れやにおいは、シャンプーで落とします。シャンプーも、ブラッシングと同様、寄生虫の除去や皮膚病を予防する効果があります。

STEP 1 体を濡らす

1

シャワーの温度は、人間のお風呂より少しぬるい36～37度が適温。自分の手で熱くないか確かめる。

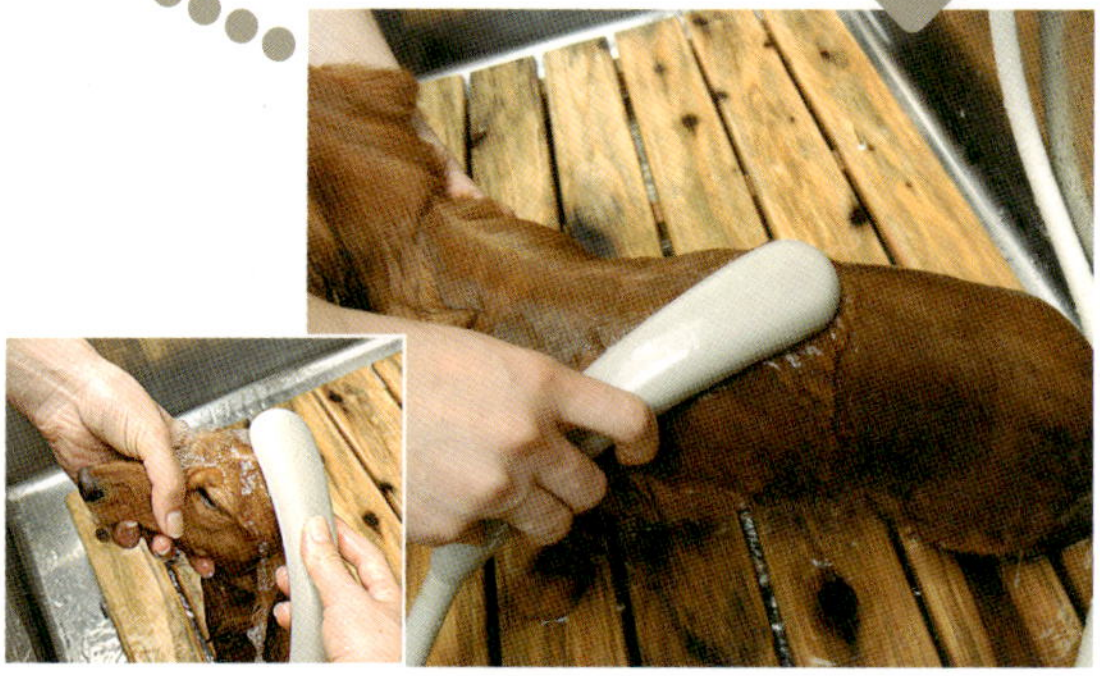

2

お尻や足元など頭から遠いところから濡らしていく。頭を濡らすときは、目や耳にお湯が入らないように、後ろからそっとかける。

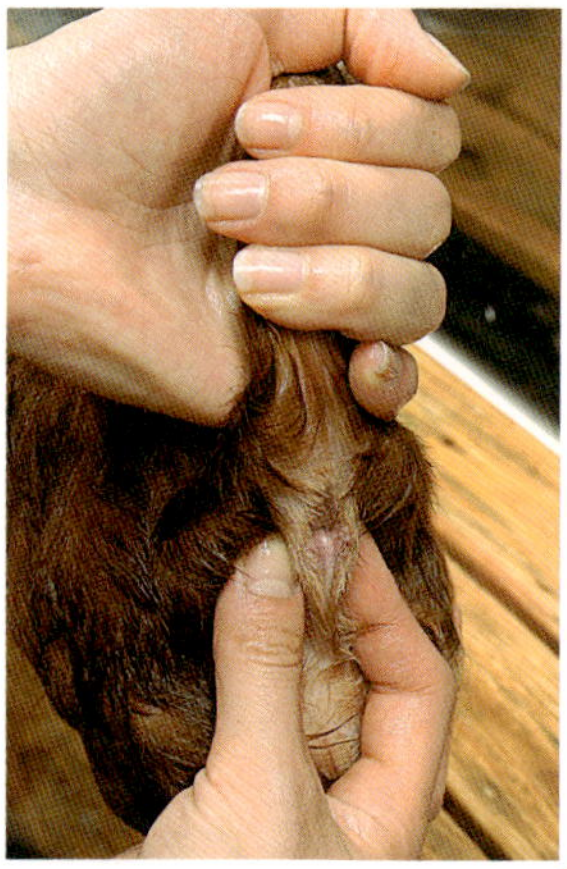

3

全身を濡らしたら肛門腺を絞る（左ページ下段参照）。シッポを持ち上げ、肛門の斜め下を指でつまんで絞り上げる。肛門から非常にくさい分泌物がピュッと出てくるので、すぐに洗い流す。

Advice

シャワーは体に密着させて使う

シャワーを体から離して使うと水圧やしぶきに驚く犬も多いので、ヘッド部分を体に密着させて使うとよい。顔や頭などはスポンジやタオルにお湯を含ませて濡らしてもOK。

シャンプーのポイント①

◎シャンプー・デビューは慎重に

はじめてのシャンプーは、1回目のワクチン接種（生後50日くらい）後、1週間くらいたってから行いますが、いきなり本格的にやってしまうと、子犬はシャワーのしぶきに驚いたり恐怖を感じたりして、シャンプー嫌いになってしまうかもしれません。まずはお風呂場で遊んで場所に慣れさせ、その後シャワー、お湯、ドライヤーと、何日かかけて、段階的に慣らしていきましょう。

子犬の不安を取り除くためにも、やさしく声をかけながら洗ってあげよう。手際よく行い、短時間で終わらせることもポイント

◎ブラッシングしてから

シャンプーの前に必ずブラッシングをして、被毛のもつれや毛玉をほぐし、汚れを落としておきます。毛玉を残したままシャンプーすると、完全に固まってしまい、ほぐれなくなります。

STEP 2 シャンプーをする

1 シャンプーはお湯で薄めて使用。よく泡立てて、背中など犬が嫌がらない部分から洗っていく。爪を立てず、指の腹でマッサージをするような感じで洗う。ラバーブラシやスポンジで洗ってもよい。

2 手足やお尻、シッポは汚れの多い部分なので、しっかり洗う。足の肉球の間も忘れずに。

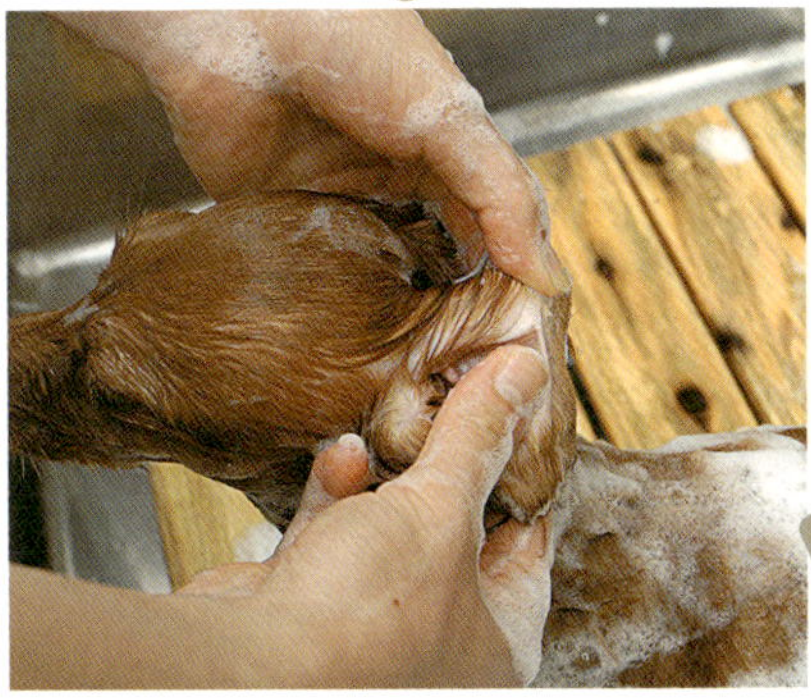

3 耳もしっかり洗う。ただし耳の奥まで洗ったり、水が中に入らないように注意。

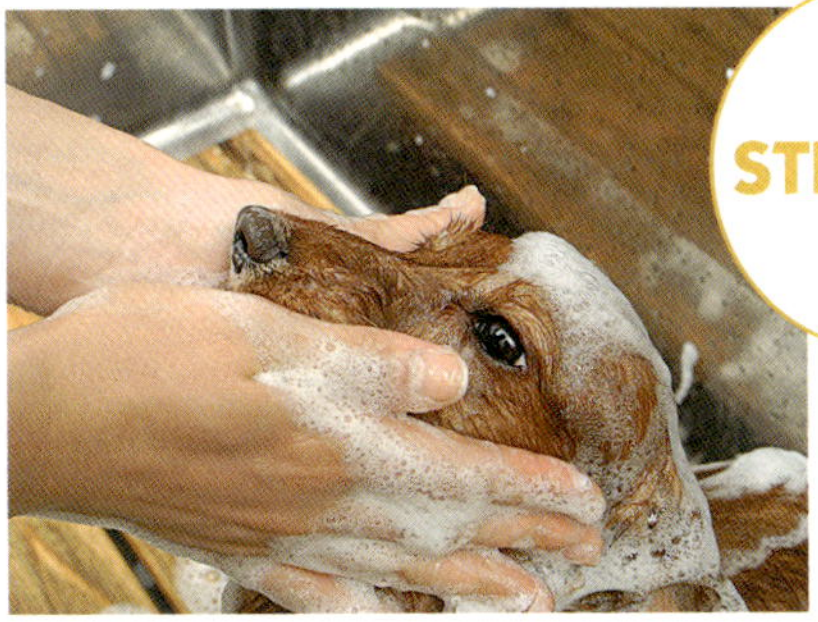

4 頭や顔は最後に手やスポンジを使ってやさしく洗う。顔まわりは、あまりシャンプーを泡立てなくてもOK。目にシャンプーが入ってしまったときは、すぐにシャワーで洗い流すこと。

Key word 肛門腺《こうもんせん》絞り

肛門の左右の位置に肛門腺と呼ばれる臭腺があり、この中には膿《うみ》のようなものがたまっています。ウンチと一緒に排泄できる犬もいますが、多くは自力では出せず、分泌物がたまると、むずがゆくて床にお尻をこすりつけたり、なめたりするので、飼い主が絞って分泌物を出してあげてください。放っておくと炎症を起こしたり、肛門腺が破裂することもあります。肛門腺の分泌物は、とてもくさく、まわりに飛び散りやすいので、シャンプー時に行うのがおすすめ。うまくできない場合はペット美容室や動物病院にお願いしましょう。

◎シャンプーは体調のいい日に

シャンプー前には、下痢や嘔吐は見られないか、目・耳・皮膚などに異常はないかなど、健康状態を必ずチェックしてください。体調が悪いようなら中止しましょう。どうしても汚れが気になるときは、蒸しタオルで拭き、しっかり乾かしてください。

STEP 3 すすぐ

1 体を濡らしたときとは逆に、頭からお湯をかけていく。頭や顔はスポンジにお湯を含ませて洗い流してもＯＫ。

2 わきの下、おなか、股、足の裏はシャンプーが残りがちなところ。すすぎ残しは皮膚病などの原因になるので、しっかり洗い流すこと。肉球の間も忘れずに。

STEP 4 リンスをする

1 リンスもシャンプーと同じようにお湯で薄めて、犬が嫌がらない部位から少しずつかけていく。

2 手グシで被毛によくなじませたら、十分にすすぐ。

シャンプーのポイント②

◎シャンプーの回数って？

シャンプーの回数は月1～2回が目安ですが、においや汚れが気になるなら、もう少し回数を増やしてもかまいません。

以前は、「シャンプーをしすぎると毛や皮膚が痛む」といわれていましたが、最近はシャンプー剤の品質も向上し、良質のものを選べば問題はありません。

ただ、犬にとってシャンプーは体力的に負担のかかることなので、あまり頻繁に行うのも考えもの。犬の体調と汚れ具合を見て、適度な間隔で行いましょう。

Ⓐ

犬と人とでは皮膚の質が違うので、シャンプーとリンスは必ず犬専用のものを使う。皮膚に負担をかけないためにも、低刺激でナチュラル系のものがおすすめ

Ⓐジョーカー

STEP 5 水気を切る

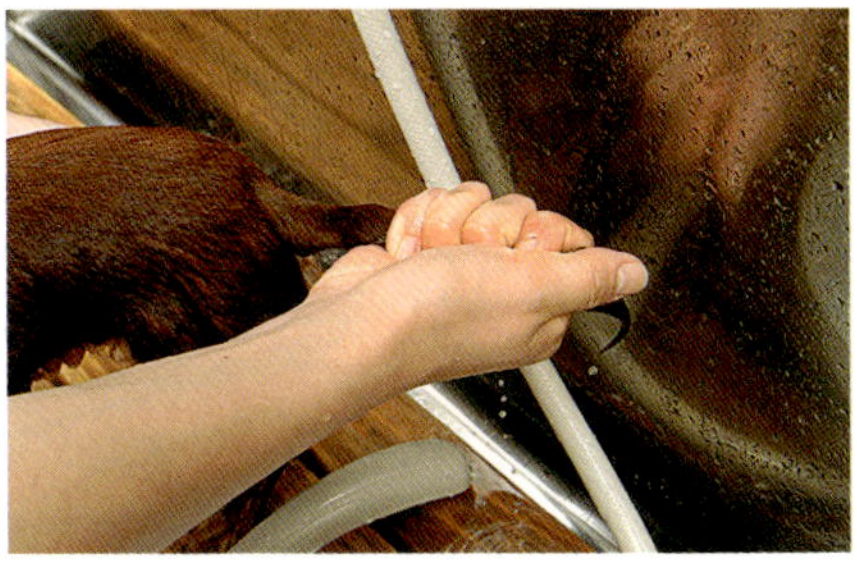

1 手で被毛をおさえるようにして、全身の水気を切る。力を入れすぎないよう注意。

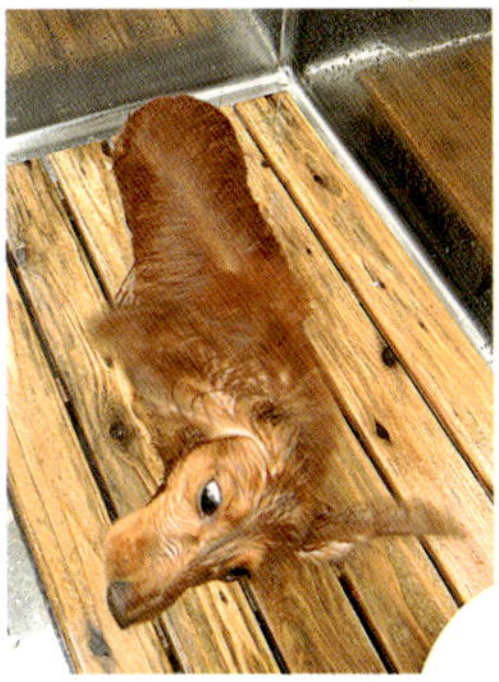

2 犬に身震いしてもらう。なかなか身震いしないときは、耳にフッと息をふきかけるといい。

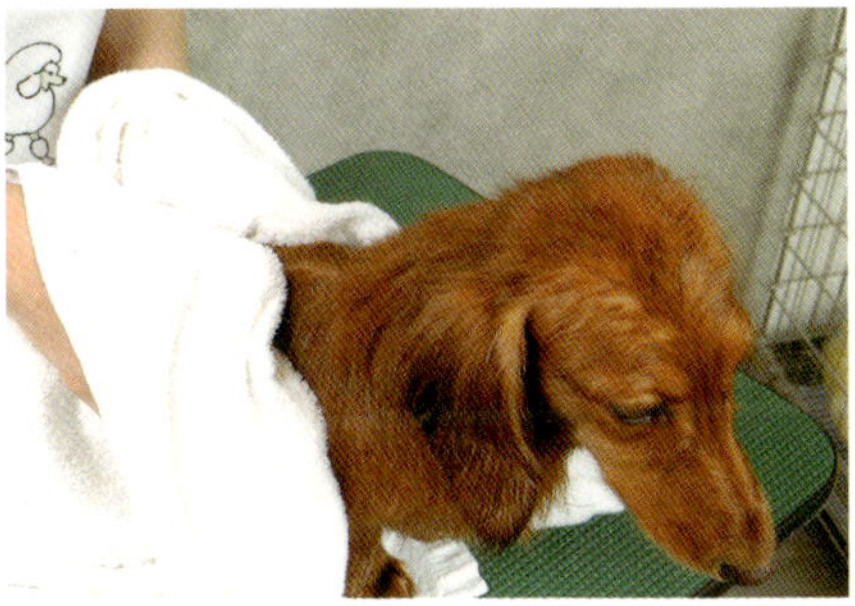

3 バスタオルで水気をとる。長毛種の場合は、グシャグシャと動かすと毛がからまるので、おさえるようにして水気をとる。耳の中や指の間などもバスタオルで拭く。

STEP 6 ドライヤーで乾かす

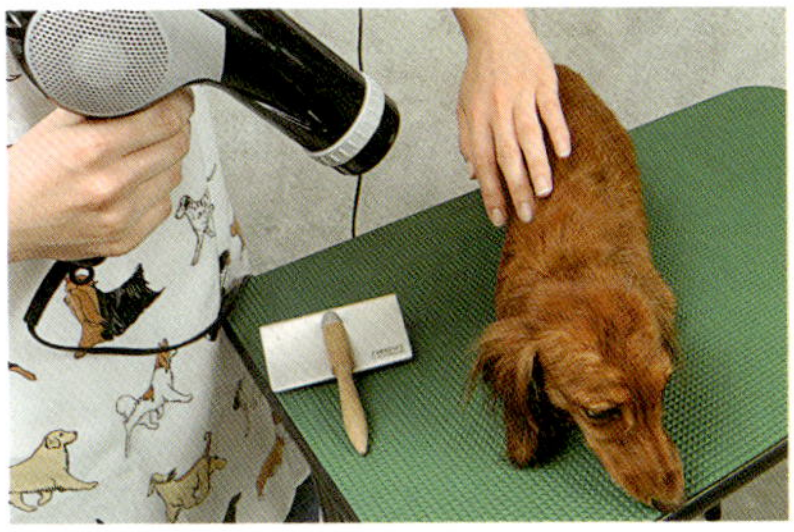

1 手で被毛をとかしながらドライヤーで乾かす。ドライヤーは、犬の体から離して当てる。

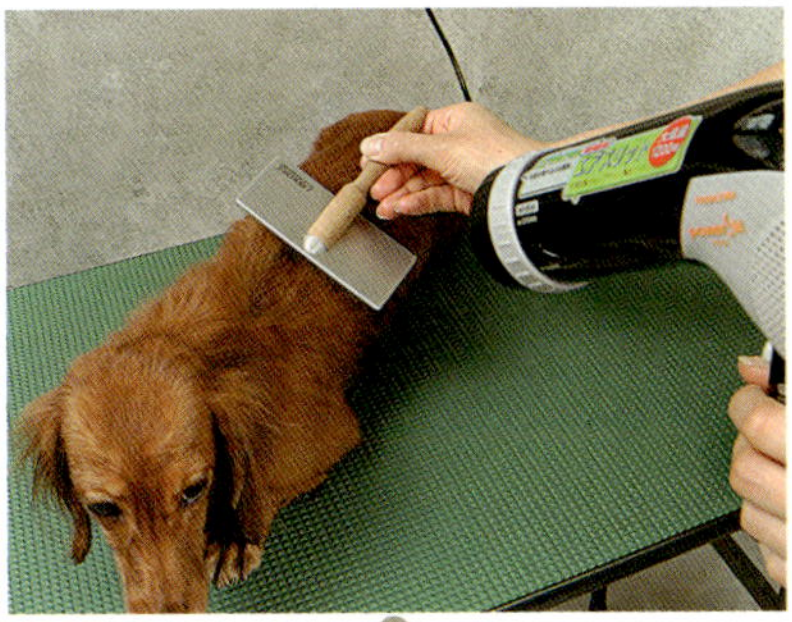

2 半乾きになったらスリッカーブラシやピンブラシでとかしながらドライヤーを当て、根元からしっかり乾かす。

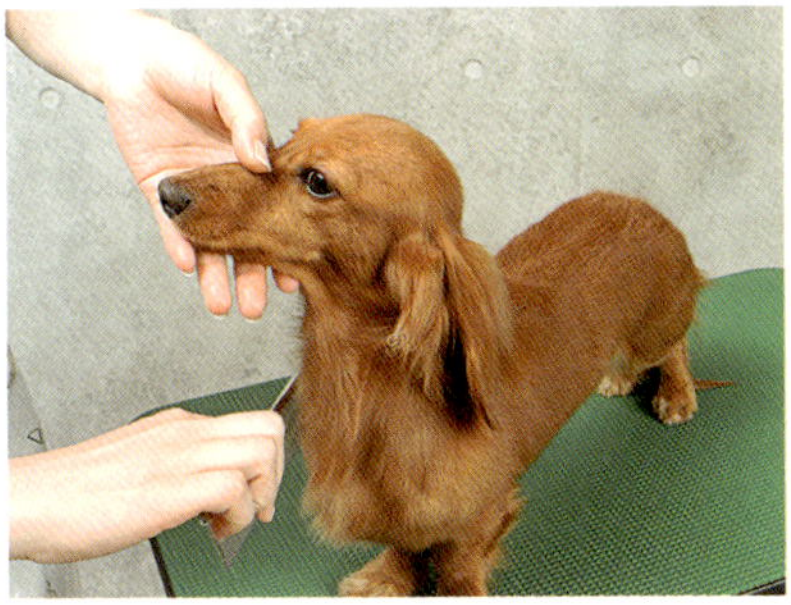

3 完全に乾いたら、コームで毛並みを整えながら、濡れている部分や、からまっている部分がないかをチェックする。

Advice

ドライヤーはエプロンの胸元に

ドライヤーをかけるときは、2人いるとやりやすいが、1人でやる場合は、エプロンをつけ、胸の部分にドライヤーをはさむと、両手が使えるので作業しやすくなる。

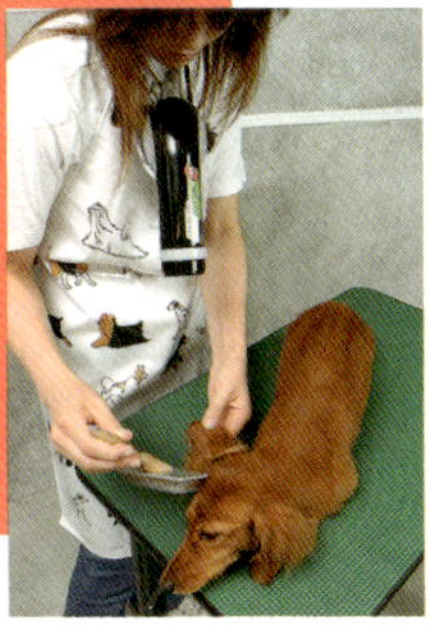

グルーミング 3

各部の手入れ

被毛の手入れだけでなく、目や耳、歯、爪なども手入れが必要です。放っておくと思わぬケガや病気につながるので、まめにチェックし、ケアしましょう。

目の手入れ

頻　度

汚れや目やになどがついていたら。チェックは毎日

用意するもの コットン

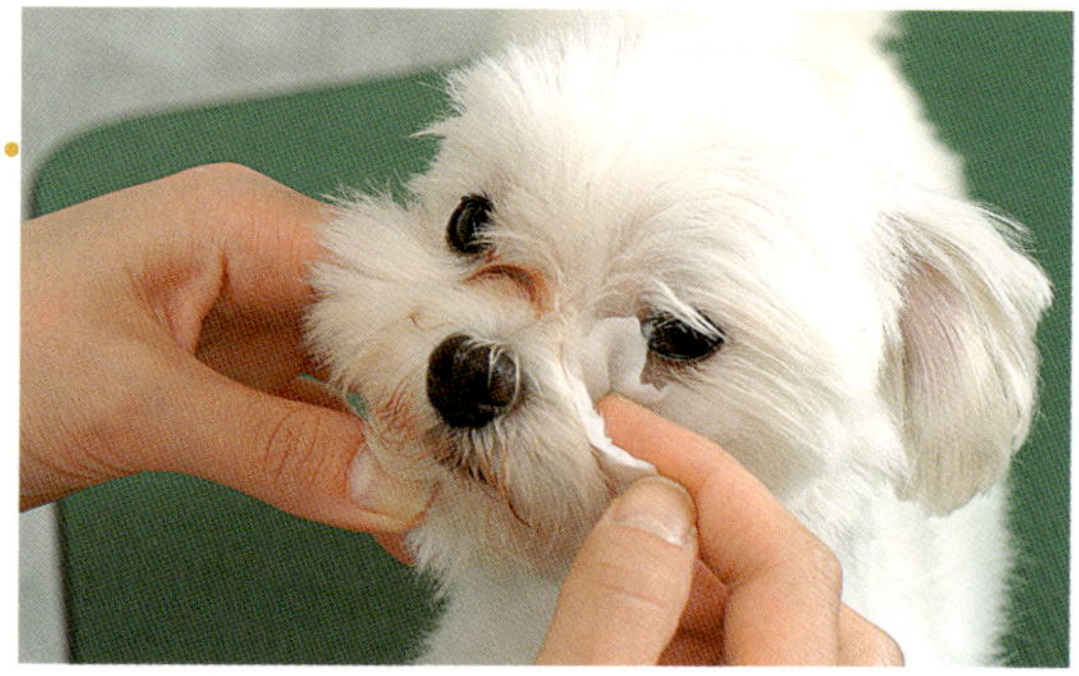

目やにや汚れは、水またはお湯を含ませたコットンでやさしく拭き取る

汚れはまめに拭き取る

目のまわりの汚れや目やには、こびりついてしまわないように、まめに拭き取る。また、白やクリームの被毛を持つ犬種は、涙が付着して目頭の毛が褐色になること（涙焼けという）があるので、毎日拭いてあげるとよい。そのほか、散歩中にゴミが入ることも多いので、帰ったら目のチェックを習慣づけよう。

目にゴミや毛が入った場合は、犬用の目薬をさして目じりに寄せ、あふれた水分とゴミをコットンで拭き取る。目薬をさすときは、アゴの下に手を当てて固定し、犬が気づかないように目の後ろ側から持っていく。目薬を持ったほうの手でまぶたを軽く引き上げて点眼

爪切り

頻　度

爪ののび具合に応じて適宜。2週間に1回はのび具合をチェック

用意するもの 犬用爪切り

犬用の爪切りで、血管を切らないようにカット。足をおさえるときに力を入れすぎない

深爪に注意

爪がのびると歩きにくくなるだけでなく、爪の先が肉球にくい込み痛い思いをするので、定期的な爪切りが必要。のび具合は運動量などによって異なる。切るときは血管まで切らないように注意。万が一、出血した場合に備えて、止血剤を用意しておこう。

白い爪は、ピンク色の血管が透けて見えるので、その手前までカット。黒い爪の場合は、血管が見えないので様子を見ながら少しずつ切る。血管に近づくと湿ってくるので、そこでやめる。難しいようならプロに任せよう

耳そうじ

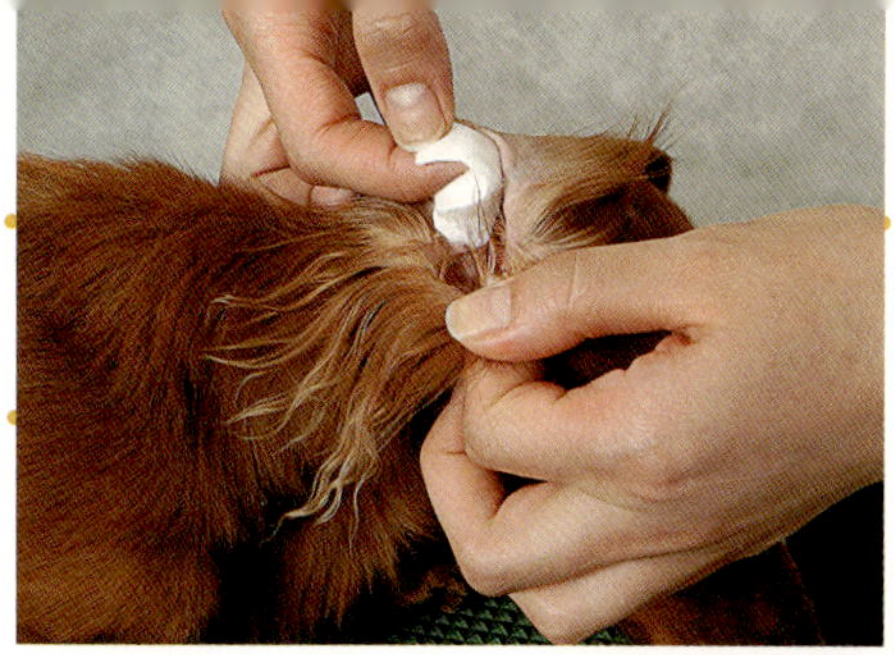

耳をめくり、イヤーローションを含ませたコットンでやさしく拭き取る

頻　度

汚れ具合に応じて適宜。通気性の悪いたれ耳の犬はトラブルを起こしやすいので、まめにケアを

用意するもの

イヤーローション、コットンまたは犬用綿棒

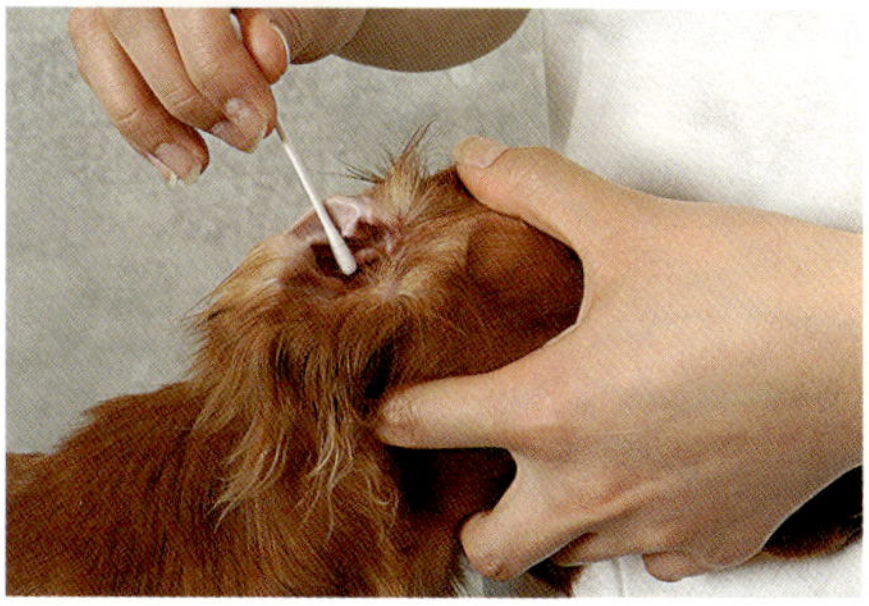

綿棒の場合は、やわらかい犬用綿棒を使用。奥まで入れると、外耳道を傷つけたり、逆に汚れを押し込んでしまうので注意。見える範囲の汚れを拭き取れば十分

“やりすぎ”は禁物

耳アカが増えたり、ほこりがたまったりすると、悪臭や炎症の原因になるので、まめに手入れをし、清潔を保つこと。ただし、耳の中はデリケートなので、ケアのしすぎで病気やケガを招くことも。耳アカや悪臭がひどいときは、手をつけずに動物病院へ。

テリア種など耳の中に毛が密集するタイプの犬は、放っておくと通気性が悪くなるので、定期的に指でつまんで抜いてあげるといい。難しいようならプロにお願いしよう

歯みがき

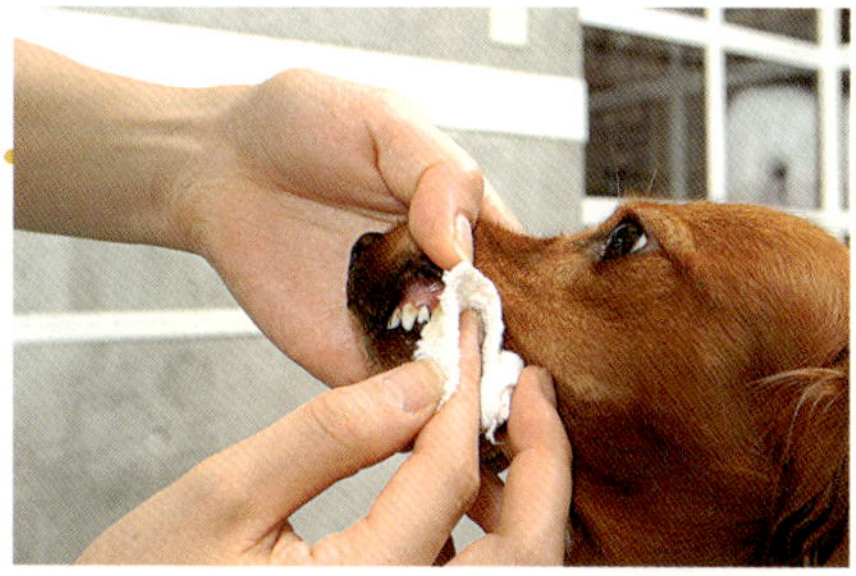

片手で唇を持ち上げ、歯ぐきをマッサージするようにガーゼでみがく。最初は指でこするだけでもＯＫ。基本的に歯みがき粉は不要だが、使用する場合は必ず犬用のものを使うこと

頻　度

毎日〜1週間に1回

用意するもの

歯ブラシまたはガーゼ

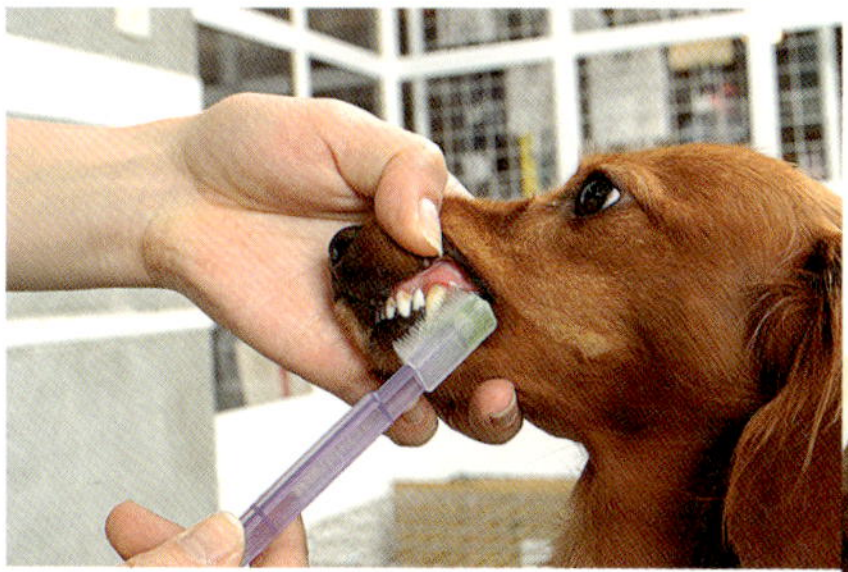

犬が嫌がらなければ歯ブラシでみがくのがベスト。毛がやわらかい犬用か、人間の子ども用ハブラシを使う

歯みがきを習慣に

犬は虫歯にはなりにくいが、歯石や歯垢がたまりやすく、歯周病になることが多い。歯周病予防のためには、まめに歯みがきをして、食べかすを残さないのが一番。成犬になってから慣れさせるのは難しいので、子犬のうちに習慣づけておこう。また普段から、歯石予防効果のある犬用ガムやおもちゃなどをかじらせておくとよい。

ロープのおもちゃをかじらせるのも歯石予防に効果あり

ムダ毛のカット

足裏やお尻の不要にのびた毛は、汚れがつきやすいので定期的にカットしましょう。プロに任せてもかまいませんが、部分的なカットなら家庭でもある程度できます。

頻　度　毛がのびてきたら

用意するもの　犬用のバリカン、または刃先が丸く加工してあるハサミ。人間用の鼻毛切りでも可

足の裏

足裏の毛がのびるとすべりやすくなる。また、足裏は、犬が唯一発汗する場所でもあるので、余分な毛はカットしよう。

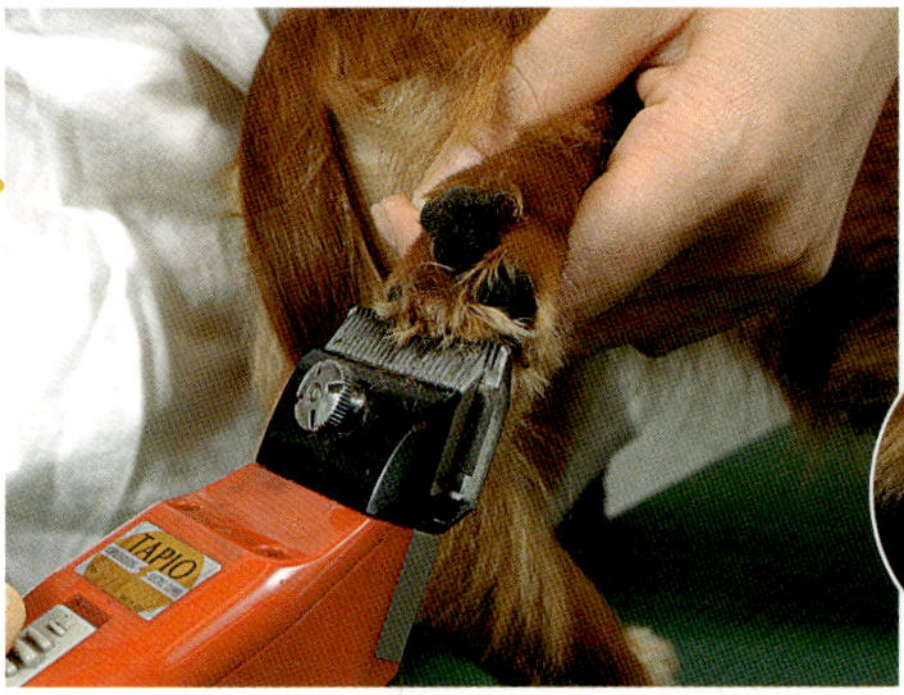

肉球からはみ出ている毛をカット。黒い（犬によってはピンク色）パットが５つ見える程度に刈ったらＯＫ。なお、犬の足は前後にしか動かないので、横には引っぱらないこと

カット前　カット後

お尻

肛門周辺の毛がのびていると、便がついて不衛生。とくに軟便の犬は付着しやすいので、短くカットしておいたほうがいい。

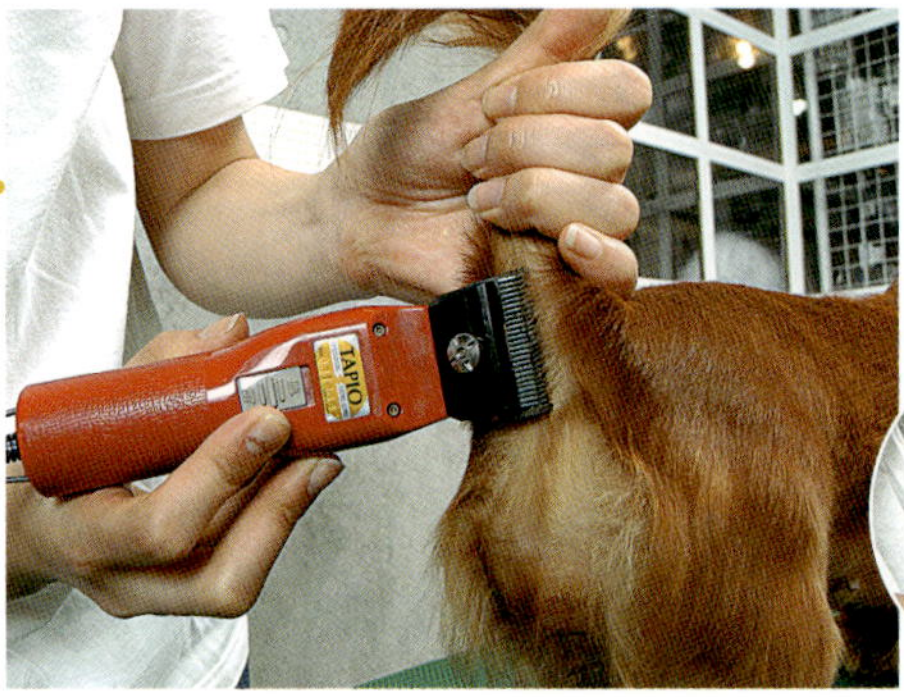

シッポを持ち上げ、バリカンを軽くチョンチョンと当てる感じで、肛門にかかる毛を少しずつカットしていく。バリカンの刃先は肛門に向けずに、つねに外側に向けること。肛門の周囲は皮膚が弱いので慎重に

カット前　カット後

ヒゲ

ヒゲを切るか切らないかは、飼い主の好みでOK。

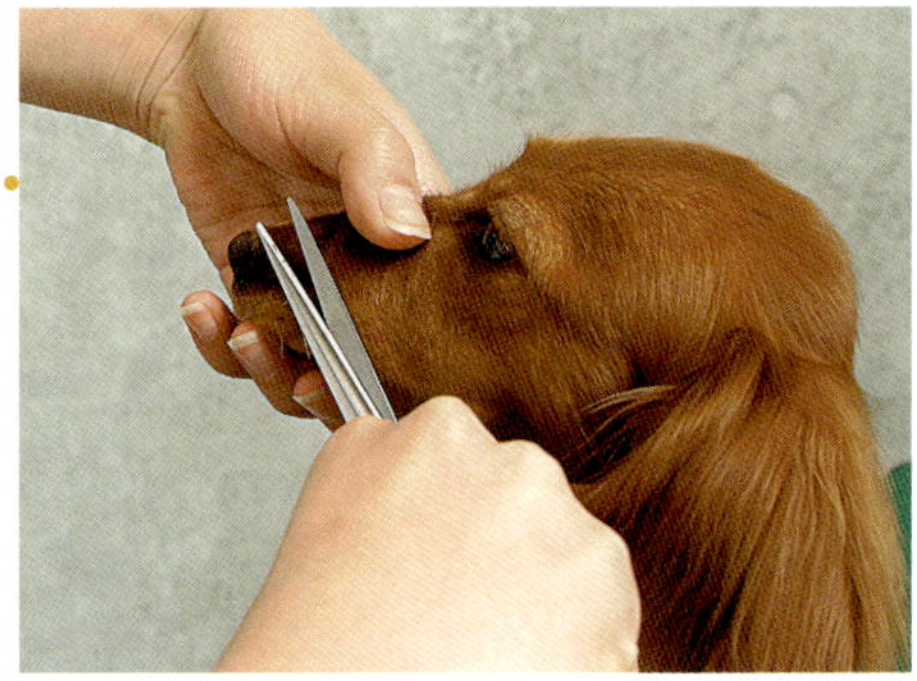

動かないように顔をしっかり固定し、ハサミでカットする。刃先を目に向けないようにすること

犬に洋服を着せるってどうなの？

ひと昔前は「犬に洋服なんて…」という人が圧倒的でしたが、今は犬専門の洋服ショップがたくさんある時代。洋服はおしゃれを楽しめるだけでなく、機能的な面もあります。上手に活用しましょう。

犬に洋服を着せることは、ファッション性だけでなく、抜け毛の飛び散り防止、雨の日の汚れ防止、犬種によっては防寒に役立つなど、実用的な面もあります。また、洋服を着ることで飼い主が喜ぶと、飼い主の関心を引きたい犬なら、それだけで気分がよくなったりします。

とはいえ、基本的に洋服は犬にとって違和感のあるものです。最初はたいてい嫌がりますから、洋服を着せる場合は、下のようにフードを使って少しずつ慣らしていってください。

洋服をすんなり着てくれるようになっても、夏のように気温の高い時期に着せ続けるのは、犬にとってつらいはずです。洋服が愛犬の負担になっていないかをよく考えてから、着せるようにしましょう。

洋服に慣らす方法

1 洋服を見せる。

2 洋服の首の間からフードを見せて興味をひきつけ、犬が自分から鼻を入れてくるように仕向ける。

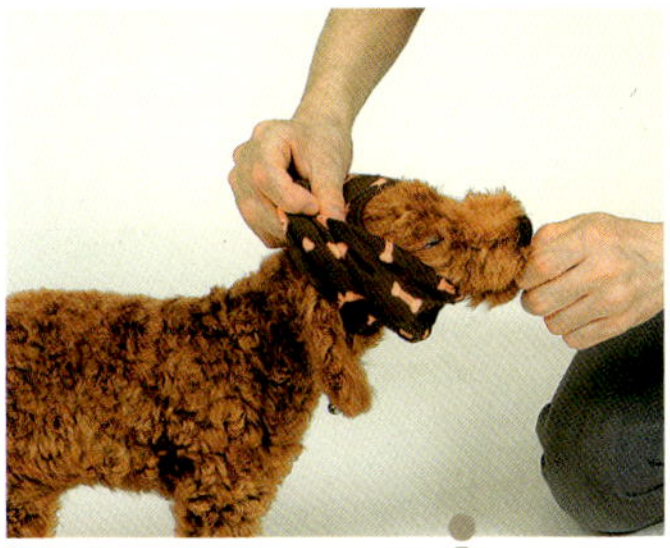

3 フードを食べさせながら、服を着せる。このとき服を頭に通してから食べさせるのがポイント。

4 フードを食べさせながら、最後まで着せる。足を折り曲げて袖を通す。横に引っぱったり、無理な体勢にならないように注意。

column

How to choose a good pet salon
ペット美容室の選び方

プードルやテリア種のように被毛がのびる犬種にとって、美容室は欠かせません。ですが、とりたててトリミングを必要としない犬種も美容室の利用価値は大です。

ペット美容室って何をするところ？

ペット美容室は、カットだけでなく、シャンプーやブラッシング、爪切り、耳そうじなど、体のトータルケアを行うところ。おもにシャンプーコースとカットコースがあり、一般的なシャンプーコースにはシャンプー、ブラッシング、爪切り、耳そうじ、肛門腺絞り、足裏やお尻の毛のカットが含まれます。カットコースは、これらに全身の被毛のカット（トリミング）が加わり、好みのスタイルに仕上げてくれます。

「爪切りだけ」「ブラッシングだけ」といったオーダーも可能なので、「爪切りがうまくできない」「毛玉ができてしまった」などという場合には、手入れの一部をお願いしてもよいでしょう。ただ、愛犬のお手入れは基本的には飼い主がしてあげたいもの。最初は美容室にお願いしつつ、家庭でもできるように練習しましょう。

普段は自分で手入れをして、ときどき美容室にお願いするという方法もおすすめです。やはりプロに頼めば仕上がりが違います。お手入れ方法は季節や年齢によっても変わってくるので、日常の手入れについて定期的にプロからアドバイスを受けるのも有意義なことでしょう。

料金はどれくらい？

料金は、体が大きいほど高くなるのが普通。地域差などもありますが、小型犬の場合はシャンプー3,000円～、カット5,000円～が相場。特殊なカットをする場合や、毛玉がひどい場合などは、そのぶん料金が高くなります。

また、事前にカウンセリングを行ったり、アフターフォローがしっかりしているところは、やや割高かもしれません。一概に料金で判断するのではなく、サービス内容や犬への接し方を見極めて、美容室を選びましょう。

利用する際のマナーは？

トラブルを防ぐためにも、かみぐせがある、敏感肌など、愛犬について心配なことがあれば、事前に伝えておきましょう。また、ワクチン接種の有効期限が切れている場合や、生理中、体調の悪いときは、利用を避けてください。

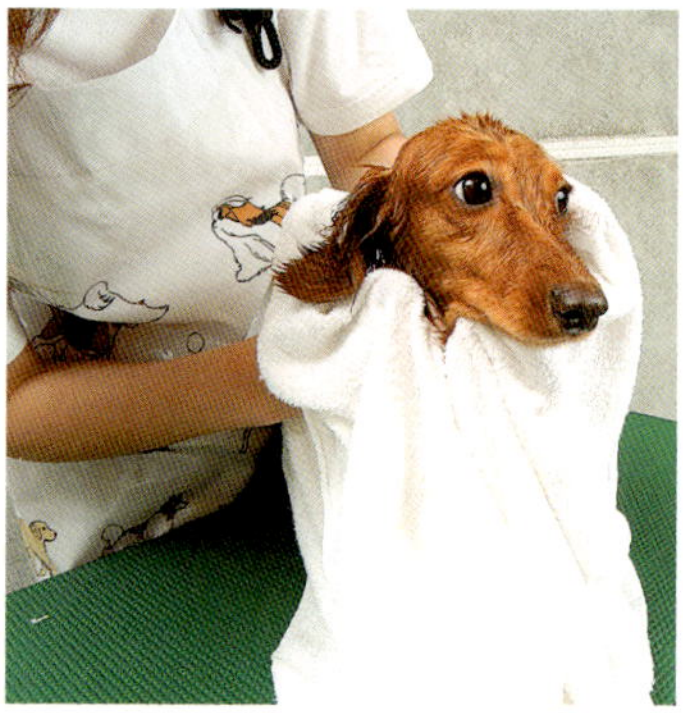

ペット美容室を選ぶチェックポイント

- □店内は清潔か
- □シャンプーやカットの様子を見学させてくれるか
- □犬に愛情を持って接しているか
- □犬に無理な体勢をとらせていないか
- □家庭での手入れ方法などについてアドバイスしてくれるか？
- □その日の愛犬の様子をこまかく報告してくれるか
- □健康チェックをして、その報告をしてくれるか

Part 8

いつまでも元気でいてほしい

愛犬の健康管理

室内犬の病気予防

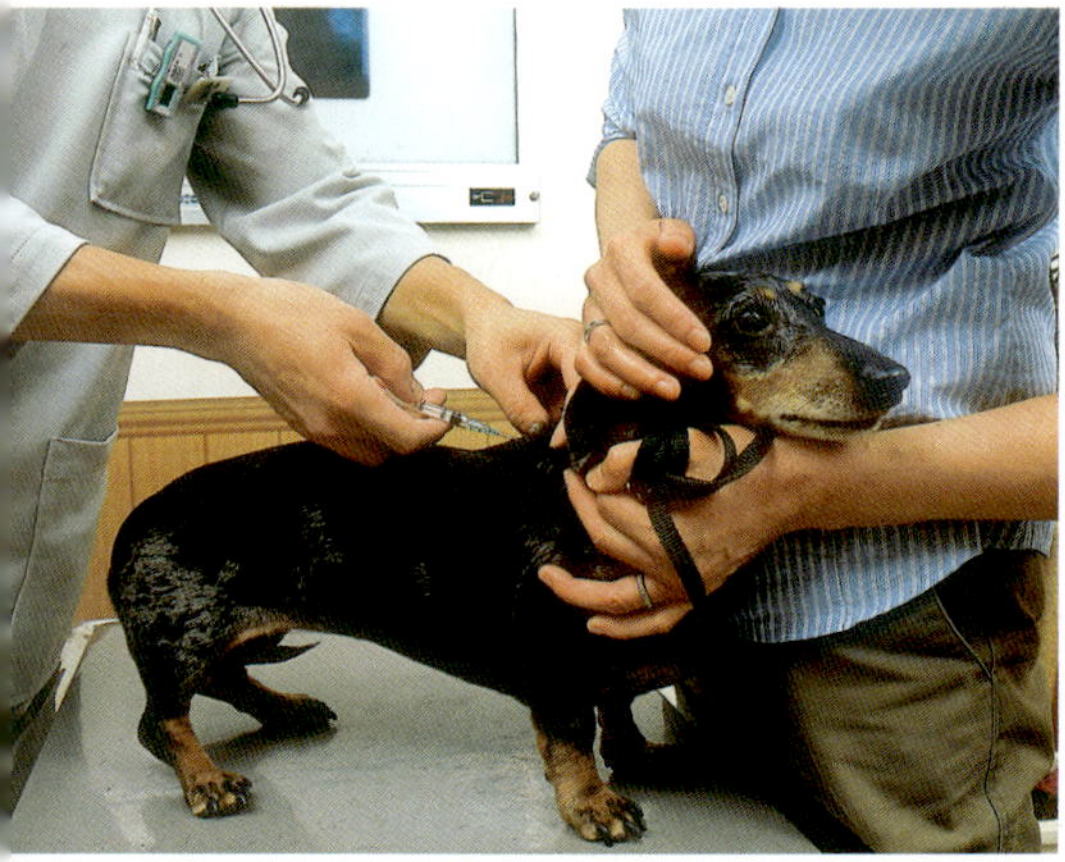

病気予防のポイント1

ワクチン接種を受ける

ワクチン接種は、死亡率や感染率の高い伝染病を予防するために必要なもの。法律で義務づけられている狂犬病のワクチン接種はもちろん、ジステンパーやパルボウイルス感染症などの重大な病気を防ぐ混合ワクチン接種も必ず受けよう（➡P178）。

病気予防のポイント2

寄生虫の予防や駆除をする

寄生虫には大きく分けて、皮膚や被毛につく外部寄生虫（ノミ・ダニなど）と、胃や腸、心臓などにつく内部寄生虫（フィラリア、回虫、条虫など）がある。ノミやダニは、投薬や普段の手入れ、そうじなどで予防を。蚊を媒介主とするフィラリアによる感染症も、定期的な投薬で予防できる（➡P179）。

予防できる病気は確実に予防しよう

犬は言葉で不調を訴えることができないため、飼い主が病院に連れてきたときには、すでに深刻な状態になっているケースも少なくありません。そうなると犬がつらいだけでなく、治療が長引き、経済的にも大きな負担となります。

犬の場合は、「予防できる病気は確実に予防する」ことが大事です。なかでも重大な感染症を予防するワクチン接種や、フィラリア症予防は確実に行いましょう。

体をすみずみまでさわって健康チェックをしよう

病気の予防や早期発見のためには、毎日の健康チェックも大切です。日頃から愛犬をよく観察し、ささいな変化も見逃さないようにしたいものです。気になる点は、すぐに獣医師に相談しましょう。

また、体の内面の変化は、目で見ただけではわかりません。動物病院で定期的に健康診断を受けるようにしましょう。

病気予防のポイント3

健康チェックを毎日行う

犬の体を見て、さわって、異変がないかチェックする。排泄物も片づける前にしっかりチェックを（➡P180）。

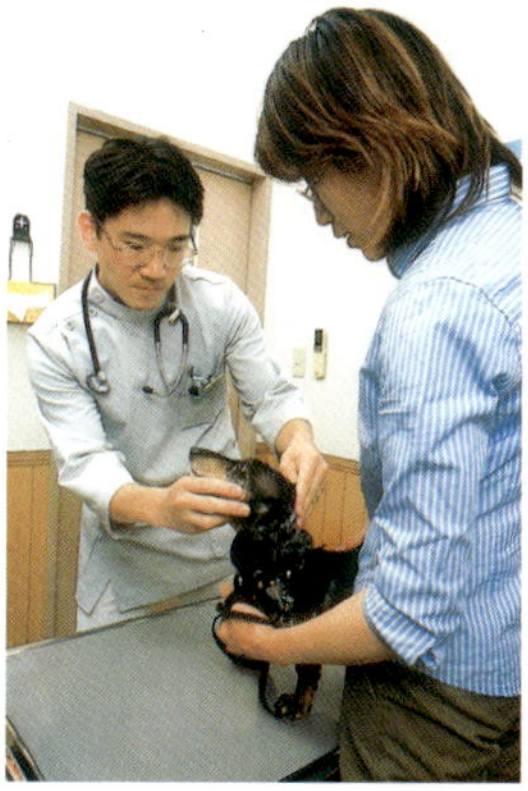

病気予防のポイント4

定期的に健康診断を受ける

最低でも年に1回は動物病院で健康診断を。老犬になると病気にかかりやすくなるので、健康診断の回数を増やそう。

病気予防のポイント5

健康的な生活を送る

栄養バランスのいい食事、適度な運動、衛生的な環境、十分なコミュニケーションなど、健康の維持には心身ともにストレスの少ない生活を送ることが大切。また、犬にも生活習慣病が増えているので、肥満にさせないように注意しよう。

Key word

人畜共通感染症

動物から人へ、または人から動物へ感染する可能性がある病気を、人畜共通感染症または動物由来感染症といいます。感染するとほぼ100%死に至る狂犬病のほか、レプトスピラ症、パスツレラ症、ライム病、エキノコックス症、犬疥癬《いぬかいせん》などがあります。

とはいえ、そのほとんどは正しい知識を持っていれば、予防も治療も可能。狂犬病やレプトスピラ症は、ワクチン接種で完全に防げますし、そのほかの感染症も節度を持った接し方をしていれば、簡単にはうつりません。清潔を保ち、犬にひっかかれたり、かまれたりしたときにはすぐに手を洗う、口移しで食べ物を与えるなどの過剰なスキンシップはしない、などということを心がけましょう。

厚生労働省をはじめ、各種ホームページでも人畜共通感染症についてくわしく解説しているので、参考にしてください。

厚生労働省健康局結核感染症課のホームページ
http://www.forth.go.jp/mhlw/animal/

季節ごとの健康管理

四季のある日本では、季節に応じた健康管理とケアが必要になります。春から秋にかけては、ノミやダニ、蚊の対策が必要ですし、季節によって散歩の時間を変えるなどの配慮も必要。1年を通して愛犬が快適に過ごせるように工夫してあげましょう。

春 spring

【ノミ・ダニ対策】

投薬（➡P179）を始めるほか、部屋をこまめにそうじするなど、生活環境を清潔に保つよう心がける。散歩後はコームで被毛をかき分けてノミ・ダニのチェックを。

【抜け毛対策】

気温の上昇とともに換毛期が訪れる。冬毛がどんどん抜けるのでしっかりブラッシングを。

【フィラリア症対策】

フィラリア症の予防（➡P179）を始める。

【予防接種】

狂犬病の予防接種（➡P179）を受ける。

夏 summer

【食中毒・皮膚病対策】

細菌やカビが発生しやすい季節なので、ハウス、食器、飲み水などはつねに清潔を保ち、食べ残しもすぐに片づける。皮膚のトラブルを避けるためグルーミングもていねいに。

【ノミ・ダニ、フィラリア症対策】

引き続き、ノミ・ダニ対策、フィラリア症の予防を行う。

【日射病・熱射病対策】

散歩は朝晩の涼しい時間に（➡P146）。

【暑さ対策】

室内はエアコンや換気で適温を保つ。犬は低いところにいるため冷えすぎることがあるので、一緒に扇風機を回して空気を循環させるとよい。クールマットを利用したり、ハウスを涼しい場所に移動させるのも手。また、留守番時も暑さ対策を忘れずに。長時間留守にするときのエアコンは、ドライ設定で。

【食事管理】

夏に食欲が落ちても、冬場より1～2割減る程度なら問題ない。

病気予防のスケジュール

【4月頃】狂犬病ワクチン接種
日程については、各自治体から通知が来る。

【5～11月頃】ノミ・ダニ対策／フィラリア対策
毎月1回予防薬を服用するケースが多い。

【年1回】混合ワクチン接種
毎年同じころに接種するのが望ましい。通常、狂犬病ワクチン接種とは別の日に受ける。くわしくは獣医師に確認のこと。

秋 autumn

【食事管理】
涼しくなって食欲が増してきたら、少しずつフードの量を増やしていく。ただし過食には注意。

【暑さ・寒さ対策】
日によって寒暖の差が激しいことも。そのときどきの状況に合わせて対策を。肌寒さを感じるようになったら、ハウスに毛布などを入れて防寒対策をする。

【抜け毛対策】
寒くなってくると、夏毛から冬毛に生え変わる換毛期が訪れる。大量に毛が抜けるので、まめにブラッシングを。

【ノミ・ダニ、フィラリア症対策】
通常11月頃まで行う。

冬 winter

【寒さ対策】
一般に犬は寒さに強いので、暖房のかけすぎに注意。ただし犬も年をとると寒さに弱くなるので、ホットマットなどを利用して暖かくしてあげて。また、冬のシャンプーはなるべく暖かい日を選び手早くすませ、ドライヤーで完全に乾かすこと。散歩は暖かい日中に行うのがベスト。寒いからといって散歩をさぼらない。寒がりな犬は、防寒のために洋服を着せてもいい。

【やけど対策】
犬がさわってやけどをしないように、ストーブはサークルなどで囲って安全対策を。ホットカーペットなどによる低温やけどにも注意する。

混合ワクチン接種

重大で死亡率も高い感染症を、一度に複数予防できるワクチン。対応している感染症の数によって2〜8種までのワクチンがある。何種類のワクチンにするかは、地域ごとの感染症の発生状況や、愛犬のライフスタイルなどを考慮する必要があるため、獣医師とよく相談を。なお、感染経路はそれぞれ異なるが、おもに感染した犬の排泄物を口にしたり、せきやくしゃみなどの飛沫《ひまつ》にふれることで感染する。

予防法 動物病院でワクチン接種を受ける。

時　期 ワクチンの接種時期や回数は、その犬の月齢や年齢、体調などによって異なるので、獣医師に効果的なワクチン・プログラムを立ててもらい、それに従って接種すること。通常は、初年度は生後50日前後に1回目、その3〜4週間後に2回目を受ける。場合によっては、3回目、4回目の接種が必要なケースもある。2年目以降は1年に1回。

料　金 8種混合ワクチンの場合7,000〜9,000円が相場。

愛犬を安全に遊ばせるためにも、感染症の予防は大事

感染症の名前		特　徴	5種	7種	8種
ジステンパー感染症		1歳未満の子犬の発症率が高い。初期症状は発熱や食欲不振などだが、症状が進むと神経障害があらわれ、命を落とすことも	○	○	○
パルボウイルス感染症		突然死する心筋型と、ひどい嘔吐と下痢が続く腸炎型がある	○	○	○
伝染性肝炎（アデノウイルスⅠ型感染症）		発熱、食欲不振、鼻汁などの軽い症状のものから、肝炎をともない死に至るものまでさまざま	○	○	○
アデノウイルスⅡ型感染症		発熱やせきのほか扁桃炎《へんとうえん》、肺炎、気管支炎などの呼吸器疾患を起こす。ほかの細菌やウイルスと混合感染すると症状が重くなる	○	○	○
パラインフルエンザ		乾いたせきや鼻水、扁桃炎など人間のかぜの症状によく似ている。ほかの細菌やウイルスと混合感染すると症状が重くなる	○	○	○
レプトスピラ感染症	黄疸出血型	肝臓や腎臓がおかされる病気で、人畜共通感染症（➡P175）のひとつ。黄疸《おうだん》出血型は、黄疸や下痢、歯ぐきからの出血が見られる。カニコーラ型は、嘔吐や下痢のほか、症状が進むと尿毒症に		○	○
	カニコーラ型			○	○
コロナウイルス感染症		おもな症状は、食欲不振、嘔吐、下痢など。子犬は症状が悪化しやすい。パルボウイルスと合併すると症状が重くなり、死に至ることもある			○

※混合ワクチンに対応する感染症は製薬会社によって異なる場合もあります。
ほかに2種混合、3種混合などもありますが、5種以上が一般的。

フィラリア症の予防

フィラリア（犬糸状虫）は、蚊を媒介して寄生する白いソーメン状の内部寄生虫で、心臓や肺動脈に寄生して増殖。進行すると心臓疾患を起こし、死に至ることも多い。

予防法 蚊の発生期間に、月1回予防薬を投与。飲み薬のほか、皮膚に落とすだけのスポット（滴下）タイプなどもある。すでに感染していると予防薬で副作用を起こすことがあるので、事前に動物病院で血液検査を行ったうえで、処方される。

時期 5〜11月頃まで（地域によって異なる）。

料金 予防薬は1回分1,000〜3,000円前後。犬の体重によって異なる。

ノミ・ダニの予防・駆除

ノミやダニは、皮膚や被毛、耳など体の表面に寄生し、ひどいかゆみを引き起こす。体をかきむしってできた傷口から細菌が入って皮膚炎を起こしたり、多量に寄生すると貧血になることも。ノミは条虫、マダニはバベシアという寄生虫を媒介することもある。

予防法 衛生的な生活環境を心がけ、散歩のあとはノミ・ダニのチェックをする。シーズン中は予防（駆虫）薬も併用するのがベスト。薬はスポット（滴下）タイプ、錠剤、スプレー式などさまざまあり、持続期間はそれぞれ異なる。ショップで市販されている医薬部外品より、動物病院で処方してもらうのがベター。

時期 衛生環境は1年を通して気を配る。薬は4〜11月頃に使用（地域などによって異なる）。

料金 スポットタイプ1回分（1か月程度効果が持続する場合）で1,000〜2,000円程度。

狂犬病ワクチン接種

感染した動物にかまれることにより、その唾液中のウイルスが傷口から侵入して感染。脳に至る中枢神経がおかされ、凶暴化して死に至る。人間にもうつる可能性があり、死亡率はほぼ100%というたいへん恐ろしい病気。日本国内では、1956年以降発生していないが、海外では毎年数万人がこの病気で命を落としており、輸入ペットなどを通じて再び国内に上陸する可能性はある。狂犬病の発生および蔓延《まんえん》を防ぐため、法律により、年に1度のワクチン接種が義務づけられている。違反した場合は、20万円以下の罰則がある。

予防法 動物病院または自治体の集合会場でワクチン接種を受ける。

時期 初年度は、生後3か月をすぎたら接種する。最近は混合ワクチンを優先するため、実際には生後4〜5か月で接種することが多い。2年目以降は1年に1回。毎年春になると、自治体の広報に告知が出たり、かかりつけの動物病院から通知がくる。

料金 初回は畜犬登録（➡P76上段）を含め6,000〜7,000円前後。2回目以降は3,000〜4,000円前後。

回虫《かいちゅう》、鉤虫《こうちゅう》、条虫《じょうちゅう》などの予防・駆除

いずれも内部寄生虫で、消化器官などに寄生。犬の排泄物などから経口・経鼻感染することが多いが、回虫や鉤虫は、母犬からの胎盤感染や母乳感染もある。おもな症状は、下痢、貧血、血便、食欲不振など。症状が出ないケースもあるが、寄生虫を持っているとほかの病気にかかりやすくなるので、定期的なチェックが必要。

予防法 散歩のときなどに、ほかの犬の排泄物に口をつけないように気を配ること。さらに動物病院で定期的に検便を行い、寄生している場合は、駆虫薬を服用。条虫はノミが中間宿主になるので、ノミの駆除も徹底する。

時期 1年を通して。

料金 検便は1回1,000〜1,500円程度。

Health

毎日の健康チェックポイント

愛犬の健康管理の一環として、1日に1回は、ブラッシングやマッサージをしながら全身の状態をチェックしましょう。食事や散歩中、一緒に遊んでいるときなども、いつもと違う様子がないか、よく観察してください。

耳

耳の内側は、きれいなピンク色で、においがないのが正常。耳そうじ（➡P169）のしすぎや、強引なケアで炎症を起こすケースもある。

気になる症状と疑われる病気

- 耳アカが多い→黄色は細菌性、赤褐色は真菌性、黒っぽい場合は耳ダニ症の疑い
- 悪臭・耳ダレ→外耳炎、耳ダニ症など

目

健康な犬の目は、イキイキと輝いている。目に力がないときや、トロンとした目つきのときは体調をくずしている可能性が高い。

気になる症状と疑われる病気

- 目やに、充血、涙目→結膜炎、角膜炎、アレルギー、逆さまつげ。ほこりやタバコの煙など異物による刺激が原因の場合も。寝起きに出る少量の目やには問題なし
- 眼球が白く濁る→角膜炎など。水晶体の中が白い場合は白内障の疑いがある
- 目をかゆがる→結膜炎、角膜炎、アレルギーなど
- 白目の部分が黄色い→肝臓疾患による黄疸《おうだん》など

鼻

鼻の表面は、睡眠中と寝起き以外は湿っているのが正常。鼻水や鼻血は犬が舌でなめとってしまうこともあるので、頻繁に舌なめずりをしているときは注意しよう。

気になる症状と疑われる病気

- 多量の鼻水・色の濃い鼻汁→鼻炎、歯周病など。粘り気のある膿性鼻汁《のうせいびじゅう》の場合はジステンパーの疑いも。なお、透明な鼻水が少量出る程度なら心配はいらない
- 鼻血→鼻炎、鼻腔《びこう》の腫瘍《しゅよう》、異物の混入など
- 鼻の表面が乾いている→発熱が疑われる。ただし、犬によっては鼻が乾いていても正常な場合もある

皮膚・被毛

健康状態がよくないと、被毛にもツヤがなくなりがち。被毛をかき分けて、ノミ・ダニのチェックもしよう。

気になる症状と疑われる病気

- フケが出る→皮膚疥癬《かいせん》など。シャンプーが合っていないケースも
- かゆがっている→脂漏症《しろうしょう》、膿皮症《のうひしょう》、皮膚疥癬、ノミアレルギー性皮膚炎、アトピー性皮膚炎、アレルギーなど
- 全身的な脱毛→クッシング症候群、ホルモン性皮膚炎など。栄養不良のことも
- 部分的な脱毛→膿皮症、ニキビダニ症、毛包虫症《もうほうちゅうしょう》（アカラス）、ノミアレルギー性皮膚炎など。ストレスが原因のことも多い

口・歯

歯ぐきや舌は少し赤身がかっているかピンク色、歯はややクリームがかった白色が正常。口を開けて見るときは、犬歯の後ろに親指と人差し指を入れて持つといい。

気になる症状と疑われる病気

- 口臭が強い→歯石、歯肉炎、歯周炎（歯《し》槽膿漏《そうのうろう》）、口内炎など
- よだれが多い→歯周病、口内炎など。極度の緊張感や恐怖心が原因の場合も
- 歯ぐきや舌が白っぽい→貧血の疑い
- 舌がいつもより赤い→発熱の疑い。または、内出血している可能性も
- くちびるが腫れる→歯肉炎、アレルギー、腫瘍など

体

やせたり太ったりしていないか、腫れやしこり、外傷がないかなどをチェック。

気になる症状と疑われる病気

- 急にやせてきた→腸内寄生虫、糖尿病、腫瘍など。食事量が変わらないのに急にやせてくる場合は要注意
- 太ってきた→食べすぎ、運動不足、腹水など。肥満はさまざまな病気を引き起こす要因なので要注意
- おなかが腫れる→寄生虫、フィラリア、心不全、肝硬変など
- 乳房が腫れる→妊娠しているわけでもないのにメスの乳房が腫れる場合は偽妊娠が疑われる。また、乳房にしこりがある場合は乳腺腫瘍の可能性がある
- 全身がにおう→皮膚炎など

足・歩き方

普段よく動かす部分だけにケガやねんざなどが多いところ。歩きにくそうにしていないか、痛そうにしていないかなどをチェック。

気になる症状と疑われる病気

- 足を引きずる・さわると痛がる→外傷、骨折、股関節や肘関節の異常など。爪の伸びすぎや、足の裏にトゲがささっている場合もある
- 歩くとふらつく→椎間板《ついかんばん》ヘルニアなど

食欲

健康状態がもっともわかりやすいのが食欲。ただし、食欲が落ちたときには、病気以外の理由も考えられる。おやつを与えすぎていたり、急にフードを変えたりしなかったかなど確認を。

気になる症状と疑われる病気

- 食欲がない→内臓疾患、寄生虫、腫瘍（ガン）など。口内炎や歯肉炎など口の中の炎症が原因のことも
- 水を多量に飲む→糖尿病、腎臓病、クッシング症候群など
- 食欲旺盛なのにやせてきた→糖尿病など。子犬の場合、回虫などの寄生虫が原因のことも

肛門

肛門は炎症を起こしやすい場所。しっかりケアをして清潔を保とう。肛門腺《こうもんせん》の分泌物を定期的に出してあげること（➡P165）。

気になる症状と疑われる病気

- お尻を床や地面にこすりつける→肛門嚢炎《こうもんのうえん》、会陰ヘルニアなど
- 肛門のまわりが汚れている→米粒のようなものがついている場合は瓜実条虫症《うりざねじょうちゅうしょう》。
- 肛門のまわりが腫れる→肛門嚢炎など

生殖器

陰部をしきりになめている場合は、出血や炎症を起こしている可能性があるので注意。なお、オスの場合、生後半年をすぎると、ペニスの先端に少量の乳白色の分泌物が付着することがあるが、生理的な分泌物なので問題ない。ただし、量が多い場合は治療が必要。

気になる症状と疑われる病気

- 出血がある（メス）→子宮蓄膿症《ちくのうしょう》、膣炎《ちつえん》、膀胱炎《ぼうこうえん》、子宮や膣の腫瘍など
- おりものがある（メス）→子宮内膜炎、子宮蓄膿症、膣炎、子宮や膣の腫瘍など
- 陰部が腫れる（メス）→子宮蓄膿症、膣炎
- 睾丸《こうがん》が腫れる（オス）→精巣腫瘍

そのほか

せきやくしゃみ、嘔吐など、ほかにもさまざまな症状がある。日常的にチェックを行い、愛犬のサインを見逃さないようにしよう。

気になる症状と疑われる病気

- せきをする→気管支炎、心臓疾患、フィラリア症、ケンネルコフ、ジステンパーなど
- くしゃみ→鼻炎、鼻腔腺の腫瘍、歯周病など
- 呼吸が苦しそう→呼吸器や循環器の疾患、フィラリア症など。発熱している場合も
- 嘔吐をする→多くは食べすぎ。元気で食欲がある場合は問題ない。ただし嘔吐が続く場合や、嘔吐以外にも症状がある場合は、胃腸疾患や中毒、感染症などの疑いがあるので、すぐに動物病院へ。嘔吐物を袋に入れて一緒に持っていくといい

排泄物

排泄物は、愛犬の体調を知る重要なバロメーター。とくに消化能力の低い子犬の時期は、色や状態、におい、量、回数に変化がないかなどを、排泄のたびにチェックしよう。異常があったら、すぐに排泄物を持って動物病院へ。

気になる症状と疑われる病気

- 下痢・軟便→食べすぎ、消化不良、消化器系の病気、食中毒、ストレスなど。血便がまざっていたら、腸内寄生虫、パルボウイルス感染症、大腸炎などの疑いが
- 便秘→前立腺肥大や腫瘍（ガン）などによる腸や肛門の圧迫で出にくくなることも。1週間以上便が出ないときは病院へ
- 尿量が多い→糖尿病、クッシング症候群、膀胱炎など
- 尿の回数が多い→膀胱炎、腎不全など
- 尿が出ない→急性腎不全、前立腺肥大など。頻繁にトイレに行くのにオシッコは出ていない場合は膀胱炎の疑い
- 血尿→フィラリア症、膀胱炎、膀胱結石、腎臓病など。血尿がひどくなるとコーヒー色や黒っぽい色になる
- 尿が白っぽく濁る→前立腺肥大、腎臓疾患など

Advice

下痢をしていても元気な様子なら、絶食をして様子を見る

食べすぎや消化不良で下痢をするケースはとても多い。この場合は一定期間絶食するだけで回復するので、下痢をしていても元気な様子なら、食事を1～2回ストップして様子を見てもOK（成犬なら1日くらい食事を与えなくても問題ない）。絶食しても下痢が続くなら翌日便を持って動物病院へ。血便がまざっていたり、ぐったりしている場合は、すぐに動物病院へ。

家庭での看護

病気予防や治療のために、家で薬を与えたり、体温をはかる場合もあります。犬にとって楽しいことではありませんが、避けては通れないもの。しっかり保定して、スムーズに行いましょう。

薬の飲ませ方

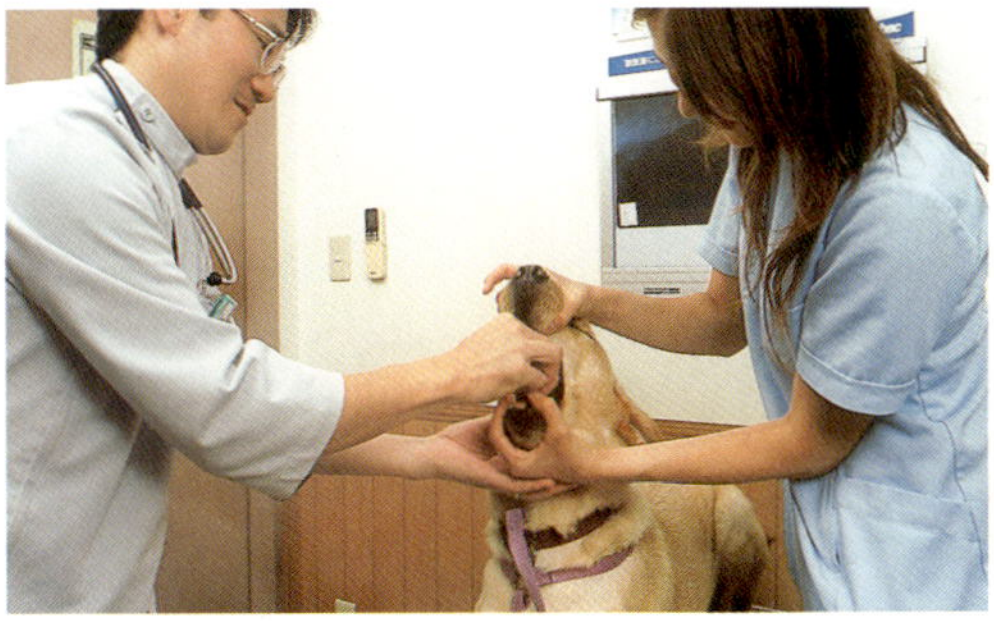

1人が犬歯の後ろに指を入れて両アゴを開き、もう1人が口の奥のほうに薬を入れる。薬を入れたらすぐに口を閉じて、顔を上向きにして、のどを上下にさすると飲み込みやすい

慣れないうちは犬が動かないように2人で行うのがベストだが、1人のときは、犬を自分の股の間にしっかりはさんで体を固定させるといい。そのほか、犬の好きな食べ物にまぜて与えてもかまわない

体温のはかり方

シッポを持ち上げ、体温計の温感部分が肛門内に隠れるまで深く入れる。体温計は人間用の電子体温計でOK。ただし犬専用にすること。ちなみに犬の平熱は38～39度

Health

動物病院の選び方・かかり方

ホームドクターを持とう

愛犬の健康管理をするうえで、何でも気軽に相談できるホームドクターがいれば心強いものです。ワクチン接種や健康診断などを通して、愛犬の性格や体のことを把握してもらっていれば、いざというときの診断にも役立ちます。

愛犬が病気になってからあわてて動物病院を探すのではなく、健康なうちに、よい動物病院を見つけておきましょう。

近所の飼い主さんから情報を集める

動物病院は、電話帳やインターネットで調べたり、ペットショップやブリーダーなどから紹介してもらえますが、もっとも有効なのは口コミ。実際に利用している人の意見は非常に役立ちます。近所の公園などに行き、犬の飼い主さんに聞いてみるとよいでしょう。

よさそうな動物病院をピックアップしたら、検便や健康診断を兼ねて実際に行ってみます。最初に注射などで痛い思いをすると病院嫌いになりやすいので、子犬が健康なときに「はじめての動物病院」を体験させましょう。子犬が来たら、数日～1週間の間に連れていき、ワクチン接種の時期を含め、今後の健康管理についてアドバイスを受けるのが理想です。

病院内では、雰囲気や衛生環境、スタッフの対応、犬への接し方などをチェック。獣医師との相性も大切です。自分とは合わないと思ったり、何かひっかかる点があるなら、ほかもあたりましょう。納得いくまで探すことが大切です。

動物病院は犬にとって嫌な場所になりがち。先生やスタッフからごほうびをあげてもらうようにして、子犬のうちからいいイメージをつけておこう

動物病院選びのチェックポイント

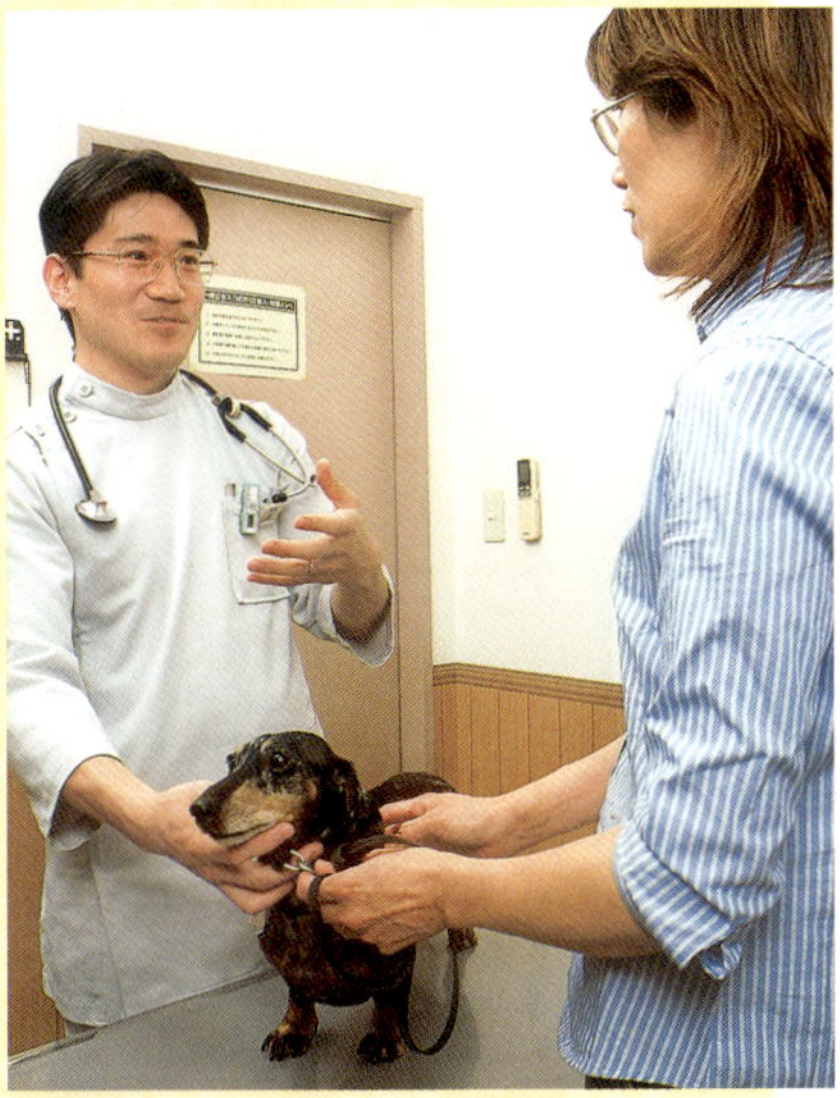

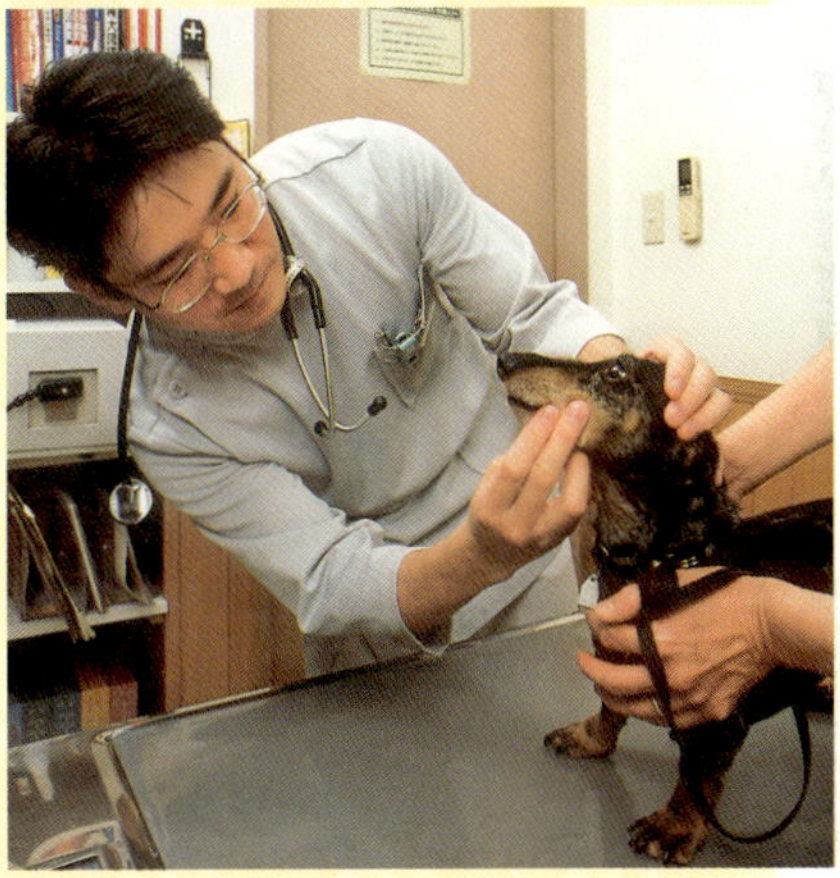

□ 家から通いやすく、24時間対応してくれるか

緊急時に対応できるように、家から近く、24時間対応してくれるところがベスト。24時間対応とうたっていなくても、夜間診療や時間外診療が可能なところも多いので、直接聞いて確認しよう。

□ インフォームド・コンセントが行われているか

説明がないのは論外だが、説明があっても専門用語を並べ立てるだけでは×。わかりやすい言葉で症状や治療法などを説明してくれ、質問にもきちんと答えてくれる獣医師がよい。

□ 治療費の明細がわかるか

料金の高い安いでは判断できないが（➡P186下段）、初診料、各種検査料、麻酔料など、最低限の内訳を示す必要はある。治療費を高いと感じるなら、なぜ高いのかをはっきり聞いてみよう。

□ 病院内は清潔か

衛生管理に対する意識が低い病院は問題外。

□ 問診、触診、聴診をしっかり行っているか

正しい診断をするためには、過去の病歴やワクチン接種の状況、家での様子などをこまかく聞き、触診や聴診もしっかり行うことが大事。ほとんど話を聞かなかったり、体をさわらないで診断を下すところは×。

□ 犬に愛情を持って接してくれるか

動物への思いやりが感じられるかどうかは、とても大事なこと。診察の様子や言動などから判断を。

□ 看護師など獣医師以外のスタッフの対応はよいか

看護師は獣医師の医療補助をしたり、入院中の犬の世話をしたりと、獣医師以上に犬と直接かかわることも多い。犬への接し方、飼い主への対応などをチェックしよう。

Advice

しつけの質問をしてみよう

たとえば、「あまがみで困っているのですが…」などと聞いてみよう。もし「鼻をグッとおさえつければいい」とか「お尻をたたけばいい」とか、体罰をすすめる獣医師は×。なぜなら愛犬を預けたときに同じことをされる可能性が高いから。看護師にも同じように質問してみよう。

ホームドクター以外の病院も利用しよう

現在の法律では、獣医師は専門分野をうたえないことになっているため、一般に内科・外科などの区別はありません。しかし、本来は、人間の医師と同様、獣医師にも得意分野、不得意分野があります。また、特殊な検査ができる設備が整っている病院もあれば、そうではない病院もあります。

ですから、難しい病気になってしまったら専門医にみてもらったほうがいいでしょうし、ホームドクターの診断や治療方針に疑問を持った場合は、別の獣医師にみてもらうことも考えるべきでしょう。愛犬のための最善の方法をとってあげてください。

飼い主も病気に関する最低限の知識は身につけておこう

最近は、人間の病院と同じように、動物病院でもインフォームド・コンセントが重要視されています。インフォームド・コンセントとは、「十分な説明のうえでの同意」という意味で、よい獣医師なら、症状や治療の内容などを、飼い主が納得するまでわかりやすく説明してくれるでしょう。

しかし、いくら獣医師がていねいに説明しても、飼い主の知識が乏しいと、最善の方法がとれないこともあります。治療法が何通りかある場合など、その病気について多少でも知識があるのとないのとでは、判断に差が出るはずです。もしも愛犬が病気になったら、飼い主もその病気について情報を集め、知識を深める努力をしましょう。

もちろん、わからないことや不安なことがあれば、獣医師にどんどん質問してください。もし、その返事を面倒くさがったりするようなら、あまりいい獣医師とはいえません。

Question

Q 動物病院の治療費や薬代はどうして差があるの？

理由はふたつあります。ひとつは独占禁止法により獣医師会で基準料金を定めてはいけないことになっているため。もうひとつは、病院によって同じ病気や手術でもその方法が異なるためです。たとえば、同じ病気の手術でも、より安全性の高い吸入麻酔と、従来の注射麻酔をするのとでは、当然、料金に差が出ます。

ですから単純に料金だけで良心的かどうかを判断することはできません。大切なのは、内容に見合っているかどうかです。高すぎる（または安すぎる）と思ったら、なぜそうなのか聞いてみましょう。きちんと答えてくれない、答えに納得できないという場合には、病院を変えることも考えてみましょう。

動物病院へ行くときのマナーと注意点

診療時間を守る

お昼から夕方にかけては、手術や往診の時間に当て、一般診療を行っていないケースも多い。はじめての場合は、電話で診療時間を確認してから行こう。

ほかの動物にむやみに近づけない

院内感染やケンカなどのトラブル防止のため、ほかの動物にはむやみに近づけないのが原則。子犬や小型犬ならクレートやキャリーバッグに入れておくか、ひざの上にしっかり抱える。大型犬の場合はリードを短く持ち、足元で待機。動くようならリードを足で踏んで固定を。

犬の症状や生活ぶりをきちんと説明できる人が連れていく

犬はしゃべれないので、飼い主からの情報が診断の大きな手がかりになる。

わざわざきれいにしていかない

普段は見られない目やにやフケなどの症状があれば、拭き取らずにそのまま連れていく。獣医師にとっては、それが診断の際の重要な資料になる。

Key word

ペット保険

動物病院の場合、人間のような健康保険制度があるわけではないので、1回の診察や治療で高額な費用を請求されることがあります。重い病気にかかって通院が続けば、月10万、20万といった医療費が発生することも少なくありません。

こうした事態にならないためにも「予防できる病気は予防する」ことが大事ですが、万が一のために、民間のペット保険へ加入するというのも、ひとつの方法です。

加入条件や保証内容は各社さまざまです。通常のケガや病気による通院や手術、入院、死亡などに対しては見舞金が支払われますが、去勢・避妊手術や出産費用、歯石除去、先天性疾患、予防接種で防げる病気には適用されないことが多いようです。

ペット保険を比較するサイトもあるので、参考にしてみては？

CAIペット保険比較サイト
http://www.c-animal.com/insurance/top.html

Health

発情と繁殖の知識

メスの発情サイクル

発情期前
（約７〜10日間）
交尾の準備期間。外陰部が腫れ、出血が始まる。フェロモンのにおいでオスを引き寄せるが、まだ交尾は受け入れない

発情期
（約８〜14日間）
交尾を許容する期間。出血の色が徐々に薄くなると、オスを受け入れるようになる。発情期に入り２〜３日後に排卵された卵子は約4日受精可能

出血
排卵
受精
妊娠
※妊娠期間は約63日

発情後期
（約２〜３か月）
発情終了。出血が完全に止まり、オスを許容しなくなる。妊娠しなくても妊娠の兆候を見せることがある（偽妊娠）

休止期
（約３〜６か月）
発情と発情の間

室内犬の発情期のケア

出血の対処

ペットショップなどで市販されている犬用の生理パンツをはかせる。すぐに脱いでしまう犬には、パンツを止めるサスペンダーも使うとよい。

日常生活で気をつけること

- 犬が集まる場所には行かない。
- 散歩はほかの犬と会わない時間帯を選び、オスとの接触を避ける。フェロモンのにおいには半径２キロ範囲まで伝わる。発情中は無理に散歩させなくてもＯＫ。
- 膣や子宮内の自浄作用が落ちるので、感染症などに気をつける。

生後6か月をすぎたら発情の兆候に注意

メスの場合、通常、小型犬で生後7〜10か月頃、大型犬で生後8〜12か月頃に、最初の発情を迎えます。

発情を迎えると、外陰部が腫れ、出血が始まり、オシッコが近くなるなどの特徴があらわれます。なかには出血量が少なかったり、自分で血をなめとってしまうこともあるので、日頃からよく観察しておくことが大切です。

初回発情のあとは、6〜8か月周期で発情を繰り返しますが、一般に大型犬のほうが周期が長く、1年以上間隔があくケースもあります。

一方、オスには特定の発情期はありません。生後7〜12か月ほどで性成熟を迎えると、いつでも交尾が可能になります。オスは、発情中のメスから発せられるフェロモンのにおいに刺激され、メスを追いかけます。散歩中などに発情中のメス犬に会うと、興奮してリードを引っぱり、コントロールがきかなくなることもあります。

繁殖する前に考えること

「愛犬の子どもが見たい！」と思う気持ちは飼い主として自然な感情かもしれません。でも、実際に繁殖を行うとなると、素人には難しい部分がたくさんあります。安易な繁殖は避けましょう。繁殖を希望する場合は、必ず信頼できるブリーダーや獣医師などのアドバイスを受けながら行ってください。

□ 本当に子犬を産ませる必要があるのか

犬自身は「自分の子どもが見たい」とか、「一度は出産したい」などと思っているだろうか？ 「一度だけ出産させたい」という気持ちは、あくまでも飼い主の自己満足だということを認識しておこう。

□ 愛犬が交配や出産に耐えられるかどうか

犬は安産といわれるが、個体によっては難産になるケースもある。また、メスの場合、身体的には1回目の発情期から妊娠可能だが、人間の年齢に換算すれば、まだ10〜18歳。交配は2回目の発情以降に。

□ 遺伝性疾患がないか

安易な繁殖により遺伝性疾患を持つ犬が増えている。犬に遺伝性疾患がないかきちんと調べ、3代前までの血統も調べる。疾患がある場合は中止する。

□ 犬の性格に問題はないか

素人といえども子犬を産ませるからには、健康で質のいい子犬を繁殖させる義務がある。攻撃的な犬や極端に臆病な犬は、繁殖には不向き。

□ 繁殖についての知識は十分か

同じ犬種でも、タブーとされている色のかけ合わせなどがある。知識をしっかり身につけること。

□ 子犬を育てるスペースは十分にあるか

里親が決まっていても数か月は手元に置くことになる。複数の子犬を育てるとなると、それなりの広さが必要。

□ 時間と費用は十分にあるか

交配や妊娠・出産の準備はもちろん、出産後の母犬と子犬たちの管理を考えると、時間に余裕がある人でないと難しい。万が一、母犬の育児放棄や体調不良があれば、ほとんどつきっきりで世話をすることになる。環境整備や検診代、子犬のワクチン代など、費用もそれなりにかかる。

□ すべての子犬によい里親を探すことができるか

多産の犬なら一度に10頭以上産むことも。それらの子犬すべてに、信頼できる里親を見つけなければならない。単に「ほしいと言われたから譲る」のではなく、その人が子犬を幸せにしてくれるか見極める必要もある。いざというときには、すべての子犬を自分で引き取るぐらいの覚悟を持とう。

Health

不妊手術を考える

不妊手術のメリット

繁殖を望まない場合は、不妊（避妊・去勢）手術を考えてみてください。望まない妊娠を防ぐというだけでなく、生殖器系の病気予防や、性的欲求からくるストレスの防止など、さまざまなメリットがあります。不妊手術をした犬のほうが長生きするというデータもあります。

手術は信頼できる動物病院で行おう

メスの避妊手術は開腹して卵巣と子宮を摘出し、オスの去勢手術は睾丸を摘出する方法が一般的です。手術である以上、麻酔や手術中の事故がゼロだとは言い切れませんが、難しい手術ではありません。事前に診察や検査をしっかり行えば、麻酔事故なども防げます。ですから、信頼できる獣医師のもとで手術を行うことが大切になります。

入院期間は、病院によってまちまちです。メスの場合最低でも1～2日は入院が必要です。オスの場合は、その日のうちに退院できるケースもありますが、1日くらいは入院して経過をみるのが一般的です。費用はメス３～５万円、オス２～３万円が目安です。自治体によっては補助金制度があります。

手術をするなら最初の発情前がベスト

年をとると、手術そのものが負担になります。不妊手術の効果を最大限に生かすなら、性成熟を迎える前に行うのが理想的。つまり、メスなら最初の発情を迎える前、オスならマーキングを始める前です。早めに行ったほうが病気予防や行動面での効果はより高くなります。

性成熟を迎える時期は個体差があるので、子犬のうちに獣医師に相談して、適切な時期を決めるとよいでしょう。

犬にとって自然なことって何だろう？

「かわいそう」「自然に反する」などの理由で、不妊手術をためらう人も多いものです。健康な体にメスを入れることに抵抗を感じる人も多いでしょう。

しかし、発情しても何もできないことや、発情のたびに外出や遊びを制限されるようなことは、犬にとって大きなストレスになります。とくに、オス犬はいつでも発情期です。生殖本能を残したまま交配をさせないということは、手術よりもずっと残酷なことかもしれません。

また、年間数十万頭の子犬が殺処分されているという現実もあります。

繁殖を望まない場合はもちろん、将来的に繁殖を望む場合も、不妊手術の意義について、一度は家族で話し合いましょう。手術に適した時期を考えると愛犬が生後6か月を迎える前に、そういう機会をもうけることをおすすめします。最終的に不妊手術を行うかどうかを決めるのは飼い主です。後悔のないようによく考えて選択しましょう。

不妊手術のメリットとデメリット

メリット

オス（去勢手術）

- 前立腺の病気、精巣や肛門周辺の腫瘍などの予防になる
- 性的欲求によるストレスから開放される
- マーキング、マウンティング、ほかのオス犬への攻撃性が軽減される

　マーキングをし始める前に手術をすれば、ほぼ100％マーキングしない犬になる。すでにマーキング、マウンティング、ほかのオス犬への攻撃性などが頻繁に見られる場合は、手術だけで解決するのは難しく、問題行動を改善するプログラムと一緒に考えていく必要がある

メス（避妊手術）

- 望まない妊娠が避けられる
- 子宮の病気や乳がんの予防になる

　メスの乳腺腫瘍は４頭に1頭の割合で発生するが、それが初回発情前までに手術をすればわずか0.5％、2回目の発情前までなら８％におさえられることが科学的に証明されている。それ以降の手術になると、確率的には避妊手術をしていないメス犬と変わらなくなる

- 生理や発情時のわずらわしさとともに、発情のストレスがなくなる

オス・メス共通

- ストレスと多くの病気が軽減されることにより、健康的に長生きできる確率が高くなる

　寿命が約1.5歳長いというデータがある。「メスは1回お産をしたほうが長生きする」と言う人もいるが、これにはまったく医学的根拠はない

- 社会全体として、不幸な子犬を減らすことができ、遺伝性疾患の軽減にも役立つ
- 発情時のストレスや、発情に関連した問題行動が減少することによって、外出の制約がなくなり、犬も飼い主も快適な生活が得られる。周囲への迷惑も軽減できる

不妊手術をすれば、オスもメスも外出の制約がなくなる

デメリット

- 繁殖をさせたくなっても不可能
- 肥満になりがち

　体質の変化ではなく、発情や性衝動に関するストレスがなくなることで、基礎的な消費カロリーが減るため。場合によっては食事量を減らす、低カロリーフードに変える必要がある。ただし、成犬になると、手術の有無にかかわらず運動量が減り、肥満傾向が出てくる。日頃からバランスのよい食事と、適度な運動をさせることで管理することができる

食事管理をしっかり行い、太らせないようにしよう

※不妊手術の効果については、もともとの性格や環境、手術時期などによって異なる場合もあります。

不妊手術の手順

1 手術の予約

手術希望日の1週間以上前に獣医師に連絡をし、手術を申し込む。必要に応じて健康チェック、ワクチン接種を受ける。

2 絶食

手術前日の夕方に食事を与え、以後は絶食。水は飲ませてもよい（動物病院の指示に従うこと）。

3 手術

できるだけ排便・排尿をすませてから病院へ行く。

〈避妊手術〉開腹手術のため、最低でも1～2日は入院が必要

〈去勢手術〉半日～1日入院

4 抜糸

手術から7～10日後に動物病院に連れていき、抜糸を行う。抜糸後1週間はシャンプー不可

※手順、入院期間は動物病院によって異なります。

元気で長生きさせるために

飼い主に愛情をかけてもらうことが何よりの幸せ

散歩は運動のためだけでなく、いろいろな刺激にふれることで、脳を活性化させ、若さを保つ役割も。小型犬も必ず散歩させよう

正しい生活習慣が長生きの秘訣

家族の一員である愛犬には、いつまでも元気で長生きしてほしいもの。最近は犬の寿命ものびて、15年、20年と生きる犬が増えています。とくに、家族と十分にコミュニケーションをとることができる室内犬は、室外で飼われている犬より長生きするといわれています。

しかし、ただ長生きするだけでは幸せとはいえません。健康な心と体を保ちつつ、楽しく快適な生活を続けることが、犬の幸せであり、家族の幸せです。

そんな日々を実現させるために必要なことを左ページにまとめてみました。十分にコミュニケーションをとる、快適な居住空間を与える、散歩や運動をさせる、病気の予防をしっかり行う…。いずれも特別なことではありません。

当たり前のことを当たり前に続け、ストレスの少ない生活をさせることが、幸せな長生きワンコに育てる秘訣。縁あって家族の一員となった愛犬の一生を、豊かなものにしてあげましょう。

幸せな 長生きワンコ 15の習慣

1 コミュニケーション
愛情をかけてもらえない犬は、精神的なストレスが大きいもの。一緒に遊んだり、話しかけたり、スキンシップをとることで、飼い主の愛情を感じ、心も満たされる。

2 散歩
若さを保つには、外でさまざまな刺激にふれ、脳を活性化させることが重要。

3 適度な運動
運動不足はストレスや肥満の原因。犬の年齢や健康状態に合った運動を取り入れて。

4 室内排泄
家で排泄できないと、犬が病気になったり、年老いて体の自由がきかなくなったときにたいへん。排泄習慣はなかなか変えられないので、子犬のうちからトレーニングを。

5 マッサージ
新陳代謝を活発にし、若々しい体と被毛を保つのに効果的。病気の早期発見にもつながる。将来、目も衰え、寝たきりになったときには、マッサージがコミュニケーション手段のひとつにもなる。

6 頭を使わせる
コングやバスターキューブで遊ばせたり、新しいコマンドや芸を教えて頭を使わせることも老化の抑止に。

7 指示語を活用
出された指示を考えて守ることも脳への刺激に。飼い主とのコミュニケーションでもあるので、身についた指示語は積極的に使おう。

8 嗅覚を使った遊び
目や耳が不自由になっても、嗅覚はそれほど衰えない。嗅覚を使った遊びを知っていれば、年老いても遊べる。

9 質のいい食事
食事は健康を支える大きな要素。品質の確かなものを与えよう。

10 肥満にさせない生活
肥満は万病の元。適度な食事と運動で健康的な体型を維持しよう。

11 快適な居住空間
狭い、汚い、うるさいなど、住環境が悪いと大きなストレスに。愛犬が安心して過ごせる快適な空間を提供して。

12 犬をほめる
しつけが身につくと、ほめることを忘れがちに。でも、犬にとって大好きな飼い主にほめられることは何よりの幸せ。「できて当たり前」ではなく、必ずほめてあげて。

13 定期的なお手入れ
歯みがきは歯周病、ブラッシングは皮膚病など、病気予防のためにも必要。お手入れはとくに、子犬のうちから習慣づけておくことが大事。

14 ワクチン接種などによる病気の予防
感染症を防ぐワクチン接種、フィラリア症の予防、ノミ・ダニの予防など、予防できるものは確実に予防を。病気の早期発見のため、健康診断も定期的に受けよう。

15 飼い主が主導権を握る
散歩をせがまれたら連れていき、食事をせがまれればすぐに与える…。このように犬が望むタイミングですべて受け入れている関係はNG。飼い主が主導権を握って、うまくコントロールするほうが、犬にとってもストレスが少なく、安定した生活を送れる。

information

SHOP

おすすめグッズショップ

DOG&CAT JOKER大宮店

関東を中心に展開する、大型ペットショップ「ジョーカー」の大宮店。ズラリと並んだ各種ペット用品は、実用的かつ、おしゃれでセンスのいいものばかり。また、生体販売も行っている。犬猫たちは、ケージの中で1頭1頭過ごす従来のスタイルではなく、パピーランと呼ばれる広いスペースで仲間と遊び、社会性を身につけながら成長しているのが特徴。

DATA

■埼玉県さいたま市大宮区桜木町1-6-2　そごう大宮店10F
■営業時間／10:00～20:00
■定休日／不定休
■☎ 048-646-2456
■http://www.joker.co.jp/

上／パピーラン。子犬同士で遊んだり、スタッフがしつけを行っている様子を、ガラス越しに見ることができる　左／グッズは機能的かつセンスのよい品ぞろえ。犬用のケーキなども販売している

販売方法	ショップ名	所在地／連絡先	特徴
店舗・通信販売	**HEEL** （ヒール）	北海道帯広市西14条南35-1-12 ☎ 0155-49-1375 http://www.heel-jp.com/	ファッション性と実用性を兼ね備えたグッズがそろっている。「ジョージ」などのインポートものも充実。愛犬の健康を考え、フードやケア用品はオールナチュラルにこだわっている。
店舗・通信販売	**しっぽっぽ**	北海道釧路市鳥取大通9-6-11 ☎ 0154-52-3181 http://www.geocities.jp/shippoppo946/	ミニチュア・ダックスフンドが看板犬を務めるグッズショップ。ロングヘアード・カニーンヘン・ダックスフンドの専門犬舎で、ミニドッグランと少数預かりのホテルを併設。
店舗・通信販売	**D・O・G** （ディー オー ジー）	東京都世田谷区北沢2-35-11 ☎ 03-3465-3635 http://www.d-o-gweb.com/	店内にはポップなデザインのドッグウエアやグッズがいっぱい。犬とくつろげるテラスもある。通信販売も可能。近くに系列のトリミングショップもある。
店舗・通信販売	**design f** （デザイン エフ）	東京都目黒区中目黒1-10-21 BALS1F ☎ 03-5725-5757 http://www.designf.co.jp/	ブリティッシュモダンをテーマにしたおしゃれなデザインで人気を集めているブランド。素材と機能性にこだわったウエアやアクセサリー、リビングアイテムなどを多数そろえている。
店舗・通信販売	**DOG Lover's shop+CAT** （ドッグ ラバーズ ショップ プラス キャット）	長野県北佐久郡軽井沢町旧軽井沢1274-17 ☎ 0267-41-1553 http://www.karuizawa-birdie.net	避暑地の軽井沢にあるショップは、アットホームな雰囲気。首輪やリードなどの革製品はもちろん、すてきなオーナーさん用のグッズも充実している。猫雑貨もあり。

販売方法	ショップ名	所在地／連絡先	特徴
店舗・通信販売	「犬の生活」AOYAMA	東京都中央区銀座2-4-1　銀楽ビルB1 ☎ 03-3538-1911 http://www.inunoseikatsu.com/	「楽しくてかわいくて実用的」をモットーに、犬の生活に欠かせないアイテムを幅広くカバー。グッズ販売のほか、一時預かりのサービス（有料）も行っている。
店舗・通信販売	DOG GARDEN RESORT 軽井沢 （ドッグ ガーデン リゾート）	長野県北佐久郡南軽井沢1398-99 ☎ 0267-48-3910 http://www.dogdept.com/	全国展開しているサンタモニカのブランド「ドッグデプト」の軽井沢店。3,000㎡の広大な敷地にはショップのほかカフェやドッグランもある。
店舗・通信販売	DOG TREE （ドッグ ツリー）	大阪市東住吉区長居東2-1-26 ☎ 06-6609-0693 http://www.dogtree.co.jp/	インポートのドッググッズのほか、おしゃれで機能性の高いオリジナルグッズがそろう。ハンドメイドの首輪やリード、手作りのおやつなども販売。店内にはカフェもある。
店舗・通信販売	わんダフル	大阪府大阪市中央区谷町9-1-7 ルーベンス上町台302 ☎ 06-4393-8686 http://www.wonderful-jp.com/	世界各国から集めた、犬モチーフの雑貨専門店。ステーショナリー、ハンカチ、マグカップ、ぬいぐるみ、大小の置物、アクセサリーなど種類豊富。人気犬種から希少犬種まで対応。
店舗・通信販売	ABC DOGS （エービーシー ドッグス）	奈良県生駒市高畑町1097-2　ならまち工房Ⅱの1階 ☎ 0742-27-4878 http://www5a.biglobe.ne.jp/~abcdogs/	犬モチーフ雑貨の専門店。そのほか、雑貨アーティストによる、犬をモチーフとしたハンドメイド雑貨も販売。
通信販売	インターズー・クリニッククラブ	0120-881-711 http://www.interzoo-pet.com/	獣医学およびペットに関する専門出版社インターズーが行っているインターネットショップ。犬猫用グッズが豊富にそろっている。
通信販売	アイリスプラザ	0120-108-824 http://www.irisplaza.co.jp/	さまざまな商品を扱う大型ショッピングサイトは、ペットグッズも充実。犬用グッズはカテゴリごとに分類され、見やすく選びやすい。
通信販売	dogoo.com （ドグー ドット コム）	http://www.dogoo.com/shop/	犬の総合情報サイトのショッピングページ。取り扱い用品の豊富さにくわえ、各商品の詳細な説明、商品購入者からの「ユーザーの声」などもあり、商品の比較検討に役立つ。
通信販売	DOGGY TOWN （ドギー タウン）	http://www.interq.or.jp/dog/doggy-t/	商店街のような作りのサイト。美容院、薬屋、雑貨屋、フード屋、駄菓子屋、おもちゃ屋、ハウス屋、食器屋、アウトドア屋などに分かれ、幅広い商品を扱っている。

JAHA（日本動物病院福祉協会）認定 家庭犬しつけインストラクター

INSTRUCTOR

いずれも陽性強化法（ほめてしつけをする）を取り入れたレッスンを行うインストラクターです。委託レッスンではなく、直接飼い主に指導を行います。愛犬と楽しくトレーニングしたい方、問題行動で悩んでいる方は、最寄りのインストラクターに問い合わせてみてください。

東京都

西川文二（Can! Do! Dog School）
世田谷区上祖師谷4-11-6 成城アベニュー館1F
☎ 03-5315-5271　FAX 03-5315-5272
E-mail cando@petcom.co.jp

神奈川県

朝倉 操（アトラス愛犬しつけ教室）
横浜市港北区新吉田東6-24-10
☎FAX 045-541-9628
E-mail atlas-atom-alice@xpost.plala.or.jp

Dr.越久田活子
横浜市緑区鴨居5-28-6　おくだ動物病院しつけ方教室
☎ 045-933-3691　FAX 045-933-3690

Dr.曽我玲子
横浜市港南区野庭町51-3
グロウウイング　アニマルホスピタル
☎ 045-840-3601　FAX 045-840-3603

八木淳子（J's dog products）
逗子市小坪1-32-1　Toda Animal Camp内
☎ 080-5465-0317　FAX 046-870-6857

新潟県

小林智子
三条市井栗3-3-39
☎ 0256-38-6966

静岡県

利岡裕子（ドッグスタジオyukko）
静岡市駿河区大谷4733-5
☎ 090-8890-8584
E-mail yuko-to@sirius.ocn.ne.jp

愛知県

澤田雅美（みわしペットクリニック）
春日井市瑞穂通2-103-1
☎ 0568-57-0384

三重県

唐原達雄
伊賀市桐ケ丘3-139　リッツペットクリニック
☎ 0595-52-4691

Dr.唐原里津子
伊賀市桐ケ丘3-139　リッツペットクリニック
☎ 0595-52-4691

滋賀県

菊川智子（アルカドッグトレーニング）
滋賀郡志賀町大物723-32
☎FAX 077-592-1878
E-mail margo-venus.0414@arca-dog.com

岩手県

伊勢仁英
東磐井郡藤沢町藤沢字柳平149-8
☎ 090-6850-6929　FAX 0191-63-4198

宮城県

阿部容子
石巻市中里7-4-12　あべ動物病院
☎ 0225-93-2786　FAX 0225-93-2783
E-mail yokoandann@r6.dion.ne.jp

茨城県

三木えみ
北相馬郡利根町羽根野957-3
☎ 0297-68-5110
ken-emi@mub.biglobe.ne.jp

栃木県

平野恵理子（DOGGY GARDEN）
真岡市八木岡
☎ 090-2744-2988　FAX 0285-83-4167

菊池志摩
☎FAX 0283-85-3563

群馬県

狩野 誠
高崎市矢島町49-3
☎FAX 027-350-7701
E-mail info@carecompany.main.jp

Dr.中島直彦（Frog Tail）
前橋市粕川町深津1472-1
☎ 027-285-6311　FAX 027-285-6312

埼玉県

戸田美由紀（ドッグイントータル）
川越市
☎FAX 049-222-7114

千葉県

並木恭子
佐倉市宮ノ代3-19-12
☎ 043-309-4447　FAX 043-309-4449
E-mail sanae.mori@tree-cubic.com

東京都

Dr. 杉本恵子
江戸川区南小岩6-15-28　南小岩ペットクリニック
☎ 03-3673-2369

矢崎 潤（J's dog products）
杉並区善福寺1-1-18-301
☎ 090-4224-0112

※Drは獣医師でもあります。
※レッスン形態はそれぞれ異なります。レッスン内容、場所、料金等については、各インストラクターにお問合せください。

広島県

岡田明宏
竹原市田ノ浦1-8-6　岡田動物病院
☎ 0846-22-4488

宮崎県

隅田久美子
宮崎市北川内町乱橋3603-1
プーさんしつけ教室
☎FAX 0985-52-1737

京都府

築山清美
京都市伏見区納所町332-1
☎ 090-9116-8298　FAX 075-633-1139
E-mail tsukiyama@future.ocn.ne.jp

大阪府

安国宣子
泉南市新家2787-170
☎FAX 0724-82-8067

兵庫県

笠木恵子
神戸市東灘区住吉東町1-2-15
E-mail keiko-nate@mydog-trs.com

高山美左（Dogs Life）
神戸市北区藤原台南町5-11-23
☎ 078-982-6699　FAX 078-982-6696
E-mail dogslife@js7.so-net.ne.jp

中塚圭子（DOLCE CANE NAKATSUKA）
神戸市北区藤原台中町2-9-13
☎ 090-9252-7544
E-mail info@dolcecane.com

塩谷圭伊子
神戸市北区星和台7-7-10
☎ 090-2194-3337
E-mail narm@nifty.com

池田由美子（Miracle paws）
☎ 080-2406-5069
E-mail miraclepaw@yahoo.co.jp

Dr.村田香織（イン・クローバー）
神戸市灘区泉通4-5-13
☎ 078-861-2243

井上まゆみ（メルヴェイユ）
宝塚市小浜5-18-9
☎ 0797-81-2677
E-mail mds@merveilleux-dogs.com

山田規子
西宮市上甲子園1-12-17
☎FAX 0798-47-0811

Dr.渡辺理恵
西宮市石在町10-27　りえ先生の動物病院
☎ 0798-20-5876

高柳麗子
加古川市加古川町木村105-12
☎FAX 0794-27-1194

奈良県

山根真理子（seed dog training class）
五條市田園2-38-11
☎FAX 0747-24-4571
E-mail nafa1016@hotmail.com

和歌山県

石田千晴
和歌山市嘉家作丁33　石田イヌネコ病院
☎ 0734-22-4633　FAX 0734-22-5045

●監修者紹介

矢崎　潤（やざき　じゅん）

JAHA（日本動物病院福祉協会）認定家庭犬しつけインストラクター。日本愛玩動物協会講師。東京都動物愛護推進員。J's dog products 主宰。

「ほめるしつけ」がポリシー。犬の行動学に基づく科学的なトレーニングスタイルは、人道的かつ効果的と多くの信頼を得ている。現在、関東地方を中心に、家庭犬のしつけ方教室、セミナー、カウンセリングなどを行っている。また、ライフワークとして捨てられた動物たちの保護にも力を注いでいる。

J's dog products

☎ 090-4224-0112

●犬用商品協力先リスト

記号	名称	問い合わせ先
Ⓐ	ドッグ＆キャット　ジョーカー大宮店	☎ 048-646-2456
Ⓑ	ドギーマンハヤシ	☎ 06-6977-6711
Ⓒ	オレンジクオリティ	☎ 045-413-1431
Ⓓ	アイリスオーヤマ	☎ 0120-211-299
Ⓔ	花王	☎ 0120-165-696
Ⓕ	グリーンライフ	☎ 0120-717152
Ⓖ	ダイキン工業	☎ 0120-88-1081

●AD&DTP――――志岐デザイン事務所（松倉 浩）
●撮影――――山出高士
●写真協力――――石山勝敏　加藤貴史　田口有史　野澤雅史　宮澤 拓　宮嶋栄一　矢幡英文
（有）エスタジオ（佐々木耕一）
●イラスト――――野田節美　宮崎淳一　良知高行
●撮影協力――――DOG&CAT JOKER大宮店
埼玉県さいたま市大宮区桜木町1-6-2 大宮そごう10F　☎048-646-2456
DOG ONE LIFE
ペットリゾートカレッジ日光
栃木県日光市根室323-1　☎0288-32-2292
●監修協力――――林 光（さくら動物病院院長）
東京都杉並区今川4-20-11 パフィオヒルズ柿の木台1F　☎03-3301-7800
＊PART8「愛犬の健康管理」を中心に、監修および協力していただきました。
●編集協力――――三浦真紀

★Special Thanks（撮影にご協力いただいた飼い主さん＆ワンコたち）
渡辺アニー　佐々木ララ　大川ナナ　岸野節子・プレシアス・ホリック　矢崎モマ・ナバホ・ビゴ　草狩ゴンゴン　濱野純子・ひま　中楯デューク　大塚恵美・怜依・ラッキー　宇夫方衆・恵美・ラウール　高田修・園子・美憂・チョコ　佐藤敏英・ゆかり・美紅・シルフィー・ゼファー　小田元吉　埼玉ネットコーギーズの皆さん　栃木コーギーズの皆さん

室内犬《しつないけん》の飼《か》い方《かた》・しつけ方《かた》

●監修者――――矢崎 潤［やざき　じゅん］
●発行者――――若松 和紀
●発行所――――株式会社 西東社《せいとうしゃ》
〒113-0034　東京都文京区湯島2-3-13
営業部：TEL（03）5800-3120　FAX（03）5800-3128
編集部：TEL（03）5800-3121　FAX（03）5800-3125
URL：http://www.seitosha.co.jp/

ISBN978-4-7916-1304-5